中国 手绘 | Chinese Hand-painting | VOLUME ❹ |

主编|夏克梁

U0380482

东南大学出版社
SOUTHEAST UNIVERSITY PRESS
·南京·

图书在版编目（CIP）数据

中国手绘. 第4辑/夏克梁主编. —南京：东南大学出版社，2015.5（2024.1重印）
ISBN 978-7-5641-5679-4

Ⅰ. 中… Ⅱ. 夏… Ⅲ. 建筑艺术—绘画—作品集—中国—现代 Ⅳ. TU-881.2

中国版本图书馆CIP数据核字（2015）第087842号

中国手绘·第4辑

出版发行	东南大学出版社	
社　址	南京市玄武区四牌楼2号（邮编：210096）	
出版人	江建中	
经　销	全国各地新华书店	
印　刷	苏州市古得堡数码印刷有限公司	
开　本	889 mm × 1194 mm　1/16	
印　张	9.25	
字　数	231千	
版　次	2015年5月第1版	
印　次	2024年1月第2次印刷	
书　号	ISBN 978-7-5641-5679-4	
定　价	99.00元	

（本社图书若有印装质量问题，请直接与营销部联系，电话：025-83791830）

主编：夏克梁

本期执行编委：

刁晓峰　李明同　李　磊

编委会成员：

刁晓峰　李明同　李　磊　夏克梁

责任编辑：曹胜玫

目 录
CONTENTS

名家 MINGJIA

我眼中的画家耿庆雷　　003
>>> 唐秀玲

绘画感悟——建筑手绘的训练方法　　004
>>> 耿庆雷

观点 GUANDIAN

浅谈设计手绘的教学与实践　　017
>>> 李磊

行走 XINGZOU

日本的船小屋　　025
>>> 陈国栋

西递、屏山传统民居写生　　039
>>> 王玮璐

My colorful town　　044
>>> 吴茂雨

江南行　　048
>>> 殷易强

行走日志　　053
>>> 周先博

手稿 SHOUGAO

苏州九龙仓国宾一号精装庭院景观和软装设计
　　057
>>> 林东栋

设计项目中的手绘表现图整理　　067
>>> 唐冉

咖啡吧概念设计心得　　077
>>> 邹兴宇

心得 XINDE

手绘十一年记——艰难但却快乐的自学之路 083
>>> 刁晓峰

魅力线条　　096
>>> 黄力炯

人居草笔心得　　106
>>> 张可欣

课堂 KETANG

照片写生方法的探索与思考　　109
>>> 陈立飞

设计手绘技巧探讨　　116
>>> 高正江　曹兰

浅谈建筑草图的练习方法　　123
>>> 李国胜

室内设计手绘表现图中的材质表现　　132
>>> 孙大野

衍生品 YANSHENGPIN

钢笔画、马克笔画衍生品开发的一些思考　　139
>>> 程庆拾

名家

耿庆雷　山东理工大学美术学院副教授，庆雷艺术设计工作室主持人。中国建筑学会会员，全国一级景观设计师指导委员会专家，山东省文化艺术专家库成员，IDA 国际设计协会淄博分会会长。

2004 年考入中央美术学院"山水精神高研班"，师从陈平、丘挺教授研究中国山水画，旨在找寻设计同中国画艺术的完美结合，体现博大的东方韵味。

曾主持山东省文化厅科研立项"无障碍设施设计"。作品曾先后参加首届中国壁饰雕塑艺术大赛、全国第二届电脑建筑画大赛、全国第三届室内设计大展、"世纪—中国风情"中国画大型画展等 20 余次省及全国画展，均获殊荣。2011 年 7 月被评为山东理工大学"大学期间我心目中最好的老师"荣誉称号。2012 年 3 月被聘为山东理工大学学生学习与发展指导中心指导教师。2011 年 4 月个人专著《建筑钢笔速写技法》由东华大学出版社出版发行，2012 年 9 月作为高等教育"十二五"部委级规划教材再版。

我眼中的画家耿庆雷

　　山东淄博，齐之故地。西周始封姜尚，后齐桓公争霸于此，亦孔丘游学之所，至清更有一代诗宗王渔洋，撰狐仙故事者蒲公松龄。其间风流人物不可胜数，留下传奇无数。

　　绘事一道，有李成营丘，其寒林平野，烟霭霏雾，风雨明晦，气象萧疏。因毫锋颖脱，墨法精微，而影响后世。

　　庆雷先生，现就职于山东理工大学美术学院，副教授。其本务建筑设计，对于建筑理念、结构原理以及设计美感都有深入研究，在他生活的城市，多处重要建筑设计皆出自其手，其艺术的灵感多来源于最初的钢笔速写草图。建筑画需要多年艰苦训练方能得以熟练地表现，而速写的讲究，远不止熟练这一节。看似简单，却是观察与创作的起步，虽说率性，内含理法。画者的本性、才识、品位、格调等诸般潜质，亦无不经由笔端分明呈现。

　　出色的画家，面对景物写生，宛若敬事造物之主，惟情之真意之诚，然后灵感激发，运笔如在造化之间神游，不觉物我两忘，任其自然流露，捕捉形态变换于瞬息之间，呈现精彩性格于尺幅之上。如此，则通篇是性灵参透造化的融汇，是气韵贯注于感受的契合。我以为，庆雷先生的钢笔画已达此种境界。

　　中国绘画，讲究笔墨、虚实、疏密，崇尚传神、气韵生动，强调虚静空灵、静穆观照、人格涵养和学问积累，追求抒情写意、物我交融、诗情画意。庆雷先生甲申戌月入中央美院，随陈平、丘挺诸教授研习山水，深谙水墨之道，自营胸中丘壑，落笔尽现氤氲，在他的钢笔画中也融入了浓厚的中国画意蕴。今庆雷先生所绘建筑画成绩斐然，识者共鉴。

教育部艺术教学指导委员会委员
文化部现代工笔画院副院长　　唐秀玲

绘画感悟
——建筑手绘的训练方法

文/图　耿庆雷（山东理工大学）

　　建筑手绘是建筑艺术、环境艺术设计中必不可少的基本功之一，也是设计师表达设计意图的一种重要语言。要想尽快掌握和提高手绘水平，画一手漂亮的建筑画，勤学苦练并勤于思考是必不可少的环节，是任何一位优秀的画家与设计师都必须经历的。建筑大师格雷夫斯就把速写当"日课"，把速写作为他工作与生活的一部分。所谓"拳不离手曲不离口"，正是对熟练掌握建筑手绘这一表现形式最好的诠释。

　　任何技法的学习与掌握，都有一个由浅入深、由简单到复杂的循序渐进的过程，并且其中还都有一定的规律。根据我多年教授建筑速写课的经验和体会，我认为应着重从以下几方面入手。

一、临摹作品

　　优秀的建筑画是画者在实地写生的过程中概括总结的产物，其中凝结着画者多年的心血和汗水，也包含了面对实景时的灵感与冲动，充满了画者特有的感情。我们在临摹的时候不可简单地只是追求外形相似，更重要的是体会画者的巧思妙想和处理画面关系的经验。临摹的时候不要像应付作业那样一味求快，应该花费比原画者更多的时间，细心体会、分析画者是先从哪里画起，接着再画哪里，中间做了哪些调整的，整幅画哪是主，哪是从，为什么要这样构图，以及线条的轻重缓急、疏密变化等等。应该像福尔摩斯一样探寻蛛丝马迹，然后发现完整的真相。

　　对于作品的选择也是一个关键。我们知道取法乎上的道理，要选择那些高质量的大师作品，这样你所用的时间才更有价值。临摹作品不仅是训练手上的功夫，更多的是眼界的提高与开阔。当你真正沉下心来，经过了一段时间的临摹训练，再回头看时，所取得的进步连你自己也会感到惊讶。

二、对图写生

　　对图写生是对摄影图片进行描绘，并不是实际意义上的写生，是从临摹到实地写生的过度环节，也是一种方便有效的学习方法。有的时候我们无法实地写生，但可以从图片中获得大量的信息，特别是国内外优秀建筑师的作品。如约翰·伍重设计的悉尼歌剧院，像贝壳，也像莲花，在蓝天的映衬下漂浮在海面上，美轮美奂。

仅是这样一张图片也会令人心旷神怡。这就是建筑艺术的魅力所在，它穿越时空进入观者的视线和大脑，给观者带来视觉的享受和美的体验。

对图写生并不是照葫芦画瓢那么简单，也是一次再创作的过程，因为每一幅图片并不是尽善尽美，完美无缺的，需要画者开动脑筋，运用概括、取舍、对比等手法重新组织画面，需要有较强的画面掌控能力。我们在临摹的时候，更多地应注重建筑物所散发出的美感，也就是常说的大师气质。那种只是满足于形似的呆板刻画是不可取的。另外，我们临摹建筑大师的作品，不仅是对他们的最好敬意，也是为了有朝一日可以设计出与他们一样的吸引人的建筑作品。因为，与伟大艺术家比肩是每一个优秀学子的梦想。

三、建筑写生

建筑写生是一个发现、追随、创造真实美的过程，也是提高速写水平最有效的方法。真实不等于美，但美置身于真实却毋庸置疑。写生的作品最具活力和感染力，因为它来源于生活，画面的每一根线条乃至每一个小点，都饱含了画者的情感和思绪，由画者的立意、技巧和情愫而决定。

面对杂乱无章的景物，首先要理出一个头绪，明确哪些部分作为画面的主体需要深入刻画，哪些地方是配景，起着陪衬主体的作用。物体的大小、线条的疏密、笔触的塑造、色彩的冷暖、空间的远近，甚至建筑的造型、结构、材质都需要通盘考虑，经过理性的思考组织画面，做到了然于胸，然后大胆落笔，一气呵成。

作品的数量和质量一样重要，建筑手绘水平的提高是一个从量变到质变的过程，高质量的作品是经过艰苦的训练加上随之迸发的灵感才能获得。只要我们不断地到大自然中去体验，去"搜尽奇峰打草稿"，坚持三多——多看、多想、多画，并遵循一定的程序和掌握正确的学习方法，相信功夫不负有心人，你一定能够画出令自己和观者满意的建筑画作品。

观点

G U A N D I A N

浅谈设计手绘的教学与实践

文/图　李磊（天津艺绘木阳教育信息咨询有限公司）

一、对设计手绘的再认识

当前，艺术设计的大学生大多数都在借助计算机绘制效果图，在大家热衷于研究数据和软件操作的方法和技巧，并惊叹于它所带来的无限遐想空间的同时，我们有必要审视一下设计工具、方法和技巧背后的设计思维模式。毋庸置疑，软件技术在艺术设计中的广泛应用，对于思维的发展起到一定的良性推动作用。但事与愿违的是，它一开始不仅没有推动设计思维，反而带来了一种危机，那就是设计初期电脑绘图与思维草图在思想方法上的背道而驰。在当今的艺术设计教育中，软件制图的普及导致大学生丧失使用草图来分析设计的能力，很多大学生在表达设计想法时基本上不用手绘草图表现，直接就用电脑设计细节。殊不知，当缓慢的建模刚刚进行到一半的时候，脑海中的想法可能早已烟消云散。以传统手绘草图为主导的设计思维方法，加之其所能体现的设计师的思维表达能力及艺术修养，正在逐渐被大众所忽视，极有可能成为不经意间失去的东西。

实际上，任何一项设计都是从草图推敲开始的。我们在平时的训练中应该注重以过程为中心的设计教学理念。将手绘草图视作设计推敲的工具而并非把它定义为只会出现在设计初期的"乱涂乱画"。它应该贯穿于设计的整个过程，即使到了后期，由感性的思维设计过渡到理性的细节描绘时，草图仍然发挥着重要的作用。在设计初期，设计的意向是模糊和不确定的。而手绘草图的多义性则满足了这一要求。在教学过程中我多次发现很多学生对于构思草图不屑一顾，认为这种效果图属于瞎画，没有技术含量，认为自己随随便便就能画得很好。其实这是

不了解这种草图的本质是什么，需要的是什么。经过深入研究便会发现，它所表达的潜在内容远远要多于画面上的线条。它体现了空间的质感和尺度，更体现了设计是对于空间的理解和把握。到了设计的中期和后期，通过大量的手绘草图，大脑思维会一直处于连贯状态，设计过程可以一气呵成，避免了不必要的停顿和间断，也更有利于灵感的捕捉。

建筑构思草图

　　理想而正确的设计工作流程是先手绘系列概念草图，经过方案的反复修改和优选后再通过电脑软件绘制后期效果图。因为艺术设计中的课题开展首先是综合相关的信息材料，提出设计概念，再根据概念做出创意方案，确定解决的方法和手段，最后完成成果与信息的反馈。

　　其中，创意方案的形成阶段是整个设计过程很重要的环节，当设计师开始思考设计中复杂和关键的问题时，通过一系列的草图表达，记录了方案创作中思维发展的轨迹，并能有效地和甲方进行深入沟通。

　　草图的思考提供了一个外部载体，是新概念的直接描述。电脑制图是手绘草图的表现结果，或者说是手绘图的"终端产品"，它们的关系是一种相互依赖的因果关系。人们大脑的跳跃性、模糊性思维与电脑要求的精确数据运作之间尚存在着差距，因此过分依靠电脑制图将会影响设计的推敲，希望在学习期间的大学生们要理性地看待此问题，重新运用手绘技术来作为思考设计和发展设计的一种"武器"。

餐厅创意表达

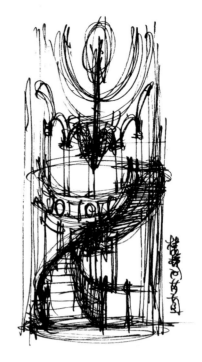

别墅楼梯间空间概念设计

二、关于手绘学习的观点和建议

通过近几年的手绘教学，我有了很深的感悟。我发现，当今的高校学生都很有思想而且智商很高，他们有自己的鉴别是非曲直的能力。但是处于当下这个充满诱惑的时代，他们面临着很大的压力，因此在学习中往往会显得很为浮躁。殊不知，每一门技能的学习实际上都需要很长的时间的努力才会有回报，手绘亦是如此。

学习手绘是一个漫长的过程，它需要有耐心。很多学生把手绘看得非常简单，觉得自己只要稍微练练就可以达到很高的水平，而当他们真正动笔去画的时候，就会发现根本无从下笔。在这里我想说，第一，手绘不是一门简单的技能课，它除了自身的技术运用之外，还需要学生准确地把握好空间感，具体来说也就是把握好空间的透视、空间的尺度以及空间结构的造型。这是一种理性的表达，与绘画艺术的感性

景观设计效果图表达

表达是有区别的。这一点也说明，手绘要想学习得好，不能只是单纯从画功上去体现，而是要和实际空间设计结合才能发挥出优势和魅力，而这点也是很多学生极为缺乏的。第二，初学手绘首先是以个人技术为基础的，这就需要用很长的时间来训练。利用好大量的课余时间是硬道理，而我们大多数同学都仅仅利用课堂这点时间来训练，这是远远不够的。第三，手绘在训练过程中面临着画哪些内容以及用什么方式来画的问题，这也是学生面临的最头疼的问题。经常有学生来问我："老师，我平时应该怎样去练？"，"老师，我是写生还是临摹？"，"老师，我应该画什么内容？"等等。在这里我想说，画什么的问题实际上就是一个设计构思的问题，如果除了课上的学习内容之外就不再进行知识的积累，眼界会过于狭窄，在构思中大脑就完全处于空白的状态，因此也就不知道去画什么。这一点单纯靠老师、靠课堂也不能完全解决，学生自己要注重平时的积累，多在生活中去感受，多看好的设计书籍，多进行实地考察，把自己感兴趣的设计或实物利用手绘的形式表达出来并努力实践，时间久了，就会发现提高的不仅仅是手绘技巧，就连思维也变得更开阔了。当然在这期间，老师也应该为学生多做指导。

三、手绘教学的现状

大学期间的设计教学中，专业表现作业是检验学生设计能力的一种重要手段。效果图的绘制通常分为两种形式：几个小时的快速设计和几周时间完成的短期设计。

不管遇到哪种类型作业，低年级的学生都会被要求用手绘去完成，其目的是想通过手绘表达，来判断每个学生的绘图基本功，以及训练手脑并用来创作方案的综合能力。正因为这样，很多设计院校开始实行这种教学模式来考查学生，只要不合格就会影响学分。由于很多学生基本功薄弱，快速设计能力不强，害怕挂科等原因，所以才选择报班去训练自己的手绘表达能力，为得高分做准备。因此对于低年级学生而言，学习手绘的目标是拿高分，而不是参加工作，因为他们还没有完全了解设计行业，不知道手绘将来有何作用，只是依照目前老师对作业的要求去画，不出错、不缺项、图面表达效果好、视觉冲击力强、方案基本合理即可通过甚至拿高分。

四、手绘基础的教学实践

1. 关于透视

对于初学者来说，手绘基础是相当重要的。我很反对"学习手绘是不需要美术基础的"这种观点。因为这样就会导致学生把手绘想得很容易，因而放松了对手绘基础的重视程度。在我看来，所谓的基础包括了以下三个重要方面：空间透视、空间尺度和空间结构。而线条本人觉得应该排在以上三点之后，因为线条是一种外在的修饰且风格多样。严格来说，线条画法并没有一定的对与错，但透视、尺度和造型一旦不准确，即使再漂亮的线条也难掩空间扭曲之错误。在基础教学中，我首先训练学生的是透视，这可能和许多老师的教学思路背道而驰，但我认为，线条可以随着手绘练习的持续而变好，但透视如果在开始不严格把握好，到后期是很难画好的。

我主张的是在讲透视时强调基本的视觉变化效果，尽可能少用辅助线来测量物体的透视关系。因为线条一旦增多，学生就会混淆辅助线与结构线，并一发不可收拾。最初阶段首先用尺规帮助他们寻找透视，经熟练后，再转变为徒手，并要求学生多做透视的小图训练。

透视很重要，但也无需十分机械、十分刻板。我们没有必要追求电脑制图的精确度，我们训练的是通过眼睛的目测，迅速且肯定地找出正确的空间透视。所谓正确也就是指视觉上的舒适，几乎不存在或者看不出有明显的透视问题，能达到这样的目标就够了。这种训练是为了培养透视感觉，以便为以后的快速表达打下基础。

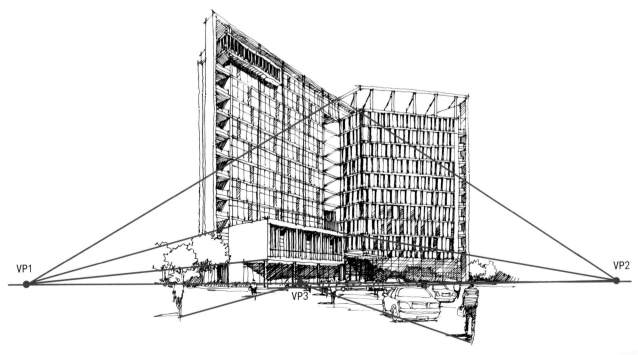

2. 关于尺度

尺度概念是我们学生在绘图过程中最容易忽视的一项内容。在临绘过程中我经常发现所画的内容与照片的空间不吻合，就是因为没有比较空间中物体的尺度关系。

所谓尺度关系实际上就可以理解为物体之间的长、宽、高的比例关系以及家具和空间整体的比例关系。这点和大学期间学习的人体工程学息息相关。人体工程学在高校教学中要求测量准确并制图规矩，因此许多学生觉得枯燥乏味，而忽视了其内涵。

我们在教学时应该注重培养学生的尺寸概念，并有针对性地严格训练。首先需要让学生了解室内建筑常用的尺寸，当然并不需要死记硬背，而是需要在生活中多观察、多测量，理解性的记忆，

这样会变得事半功倍。通过实践把它们运用在图纸的表达中。

3. 关于造型

造型好说白了就是造型准，这点对于画画的学生来说再清楚不过了。放在手绘中，我们也需要做到这一点，如果空间的结构关系和造型都不准确的话，会使观者根本看不懂你所要表达的具体内容是什么。这一点同样也是学生在学习过程中的一个难点，尤其是对没有美术基础的学生来讲。因此，学习时可先从简单的单体入手，例如一个沙发、一把椅子或者一个组合等等，由浅入深去坚持练习，时间久了自然会提高。千万不能一开始就画特别复杂的空间效果，初学阶段的学生一般都是心理最脆弱的时候，开始画不好，就很容易受到打击，弄不好随即放弃。

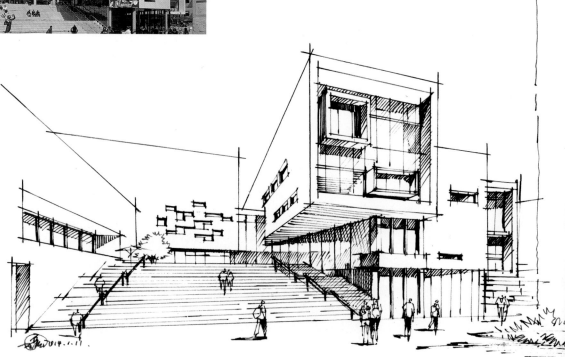

同时还要注意，画准造型并不等于原封不动的照抄照搬，还需要通过总结和概括，抓住物体的主要特征，不能盲目地刻画细节。在手绘中，我们只需要抓住物体和空间的大体感觉，细节强调在某个主要部分便可以了。

以上关于手绘基础的几个观点是我在教学中非常重视的，它能引导学生走向一个"捷径"，确立正确的训练方法。

同时线稿的训练也是应该得到重视的。有些培训机构则相反，大部分的精力都偏重在马克笔上，忽略了线稿的"骨架"作用，这点是很悲哀的。因为他们很想用颜色的漂亮来蒙蔽学生，让学生觉得马克笔等工具的笔触和效果是非常的帅气、打眼儿。在这我想说，每个工具都有所专长，但我们更不能忽视线稿的作用，因为空间的透视、尺度和造型都是通过线稿来体现，以上几点都做准确了，再添加马克笔上色来做材质和氛围，这才是一个正确的途径。而大多数公司由于设计任务重，时间紧，经常都是不上色或者少上色的，如果我们的线稿基础薄弱，会给后期的效果图制作带来很多麻烦。

五、关于手绘训练方法的建议

1. 作品临摹

临摹优秀作品是手绘训练的第一步。在透视、线条把握不好的情况下，可以通过大量的临摹来学习别人作品的优点。例如初学者一开始不会画线条，这时就可以选择一些线条较严谨的作品进行临摹，认真地揣摩其特点和规律，然后再通过量的积累逐渐提高。

需注意的是，临摹的同时不能单纯以"像不像"来衡量好坏。有的同学过分追求与范图画得像，只要有一点不一样就会觉得是画错了，其实这是不对的。临摹并不是让大家去做照相机，而是提取范图作品中好的元素，深入理解并逐步掌握。也许通过临摹这一幅作品让你学到了线条是怎样运用的，而下一幅作品你学到了人家材质是怎么处理的。总之，一幅作品不可能全是优点，这就需要大家仔细研究分析。千万不能盲目照搬照抄，不然时间久了，还是什么都学不到。

2. 照片临绘

照片临绘是手绘训练的有效途径。因为照片上没有明显的线条，无法像临摹作品那样去描摹和抄袭别人的东西，所以只能通过以往的经验对建筑和配景进行重新组织，然后再经过反复的训练，把所得到的经验应用到图片上，从而对手绘对象——建筑物有更深刻的认识。初学者可以从相关设计书籍以及网上去寻找合适的照片进行训练。在训练的过程中需要注意，照片大多都是电脑效果图或者实景照片，都是偏向写实的。我们在进行绘制时一定要注意抓住场景的主体，抓住建筑物或室内空间的总体特征和结构，体现其空间感，因此，那些不必要的内容或者说是遮挡住主体的"障碍物"，我们一般会将其省略。

3. 实地写生

实地写生主要训练初学者对于所画建筑物体量的真实感受。当我们设身处地在某个场景中进行写生时，就能更加直观地看到所画物体给自己带来的视觉感受，这要比坐在家里画照片来得真实有效。从技法上来说，实际写生时和照片临摹时基本相同，都要注意画面整体关系和空间主次的处理。初学者应该在平时多进行写生训练，以便很好地提高形体的塑造能力，为将来的设计手绘打下良好的基础。

行走

XINGZOU

日本的船小屋

文 / 图　陈国栋（日本京都府立大学）

　　一方水土养育一方人，一方风土自然孕生一方建筑，我想这便是民俗建筑的
魅力所在。受梁思成先生的影响，自从大学时代便开始涉足祖国河山各地民俗建筑。
之后又读了伯纳德·鲁道夫斯基先生于 1964 年所著《没有建筑师的建筑》一书，
更疯狂地为民俗建筑所着迷。远赴日本留学之后，跟随着日本民俗建筑学研究的
泰斗今和次郎先生所著的《日本的民家》系列丛书，开始了对日本民俗建筑的探
访之旅。这些被千千万万默默无闻的非建筑专业老百姓所营造的无名建筑，对于
我们探索人类最原始的建筑形态、最本土的居住空间却有着重大意义。在此，借
此机会为大家介绍日本渔村特别的一种附属建筑物——船小屋。（图 1、图 2、图 3）

一、日本船小屋的分布以及原因

　　日本的船小屋大量现存于日本海侧沿岸，特别是以京都府和福井县衔接处的
若狭湾为中心据点，向东面分布于从能登半岛至新潟县一带，向西面主要集中分
布于岛根县一带。而若狭湾和新潟县一带是船小屋分布最多的两大区域。岛国地
理条件的日本，日本海侧沿岸分布众多的船小屋，而另一侧的太平洋沿岸却没有
发现现存的船小屋。究其原因，主要有三点：

　　其一，日本海侧的潮水比太平洋侧的落差小。潮水比较稳定的日本海沿岸更
适合海边小屋的建造。而太平洋侧受地域和海岸地形的影响，大潮时的潮水落差
高达 1–2 米，不利于临海建造小屋，只能在远离海边的高地上建造，但是搬运
船只需要消耗极大的体力，也使在高地建造小屋不太现实。

图 1

图 2

图 3

图 1　太平洋侧的坊津渔村
图 2　太平洋侧的真鹤渔村
图 3　日本海侧的长江渔村
图 4　外川渔村的坡道
图 5　外川渔村的景观

图 4

其二，日本海侧冬季气候恶劣，无法出海从事渔业，严寒时期积雪量还非常大。由于长时间无法出渔，赖以生计的船只需要妥善保管。倘若没有附设屋顶的小屋，木制船就要长时间被埋没于积雪之中。因此，建造专门保管船只的船小屋尤其重要。

其三，太平洋侧沿岸得天独厚的地理条件，形成大量庇护船只的天然良港。太平洋侧地形比较多的是里亚斯型海岸，因陆地沉降或海面上升所形成的曲折三角湾海岸线，入海口处的自然围合成为收纳船只的天然良港。（图4、图5）

图 5

二、日本各地的船小屋

船小屋是日本海侧渔村地域、历史文化景观的重要构成因素。探究船小屋群的空间特性和船小屋的建筑特性，对于研究日本渔村的居住环境具有重要的意义。

本人主要以三个视点开始日本船小屋的探访之旅：1.对日本各地的船小屋进行实地调查从而把握船小屋的地域特性。2.通过实测调查从而把握各地船小屋的建筑特性。3.根据史料进行船小屋的复原调查并对现存最原始的船小屋建筑形态进行实测调查，从而把握船小屋的原型和历史演变过程。

目前，本人实地调研了70多个日本的渔村集落（日语，指村子、村落），对各地域有代表性

的大约80栋左右船小屋进行了实测调查。下面以若狭湾一带和新潟县的佐渡岛两地域为中心，介绍一部分现存船小屋的渔村集落。（图6）

三、伊根的船小屋

伊根地区的船小屋最大的特色便是船小屋沿水际而建，出海归来的船只可以直接驶进船小屋内部。另一大特色是船小屋为二层建造，兼有居住功能。一层空间主要用以收纳保管船只，二层空间主要用以居住、作业场和收纳渔具使用。伊根几乎完整保存了昭和时期的景象，特别是内湾的伊根湾是昭和初年的最佳捕鲸场所。渔民从外海把鲸鱼赶回内湾，然后再围合捕捉。身临此处，难免让人脑海浮现昔日渔民共同劳作的生活场景，

图6　长江渔村的船小屋

或者某一部年代剧里面呈现的昔日渔村的画面。（图7）

伊根地区民居由于受严峻的地理条件限制，在背山与临海的狭窄海岸线上没有多余的平地，每家每户都是直线平行建造房子。这里的民居基本由三种建筑物组合构成，靠山侧面的是主屋，其次与主屋呈直线排列的是被称为"藏"的一种作为仓库使用的附属建筑物，外面临海处建造

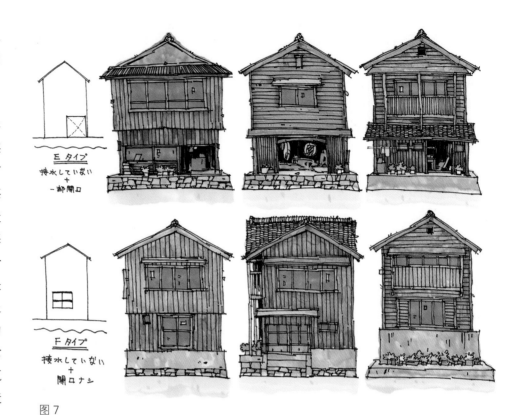

图7

的便是船小屋。而最外面的临海船小屋也充当着保护后面主屋的功能，特别是可以阻挡来自大海的寒风和湿气。（图8、图9）

图8

图7　伊根船小屋的6种类型
图8　船小屋的景观
图9　"藏"和道路

图9

四、成生的船小屋

　　成生集落隐藏于京都府舞鹤市的最北面，位于面向若狭湾的大浦半岛最尖端处，拥有几百年的历史，却只有十几户人家，是一个至今还没有通公共巴士、非常封闭的宁静小渔村。或许正是这样的居住环境，造就了集落强烈的集体观念和协同精神，成生在这一带最早设立了渔业协同组合机构。这种组合自营形式的集体劳作模式，为村落经济快速发展带来显著效果，让成生一跃成为这一带渔业繁盛的先进地。当时建造一栋房子大约只需要 2000 日币，而出渔一次的收获大约是 8000 日币，所以成生的民居营造得十分开阔气派，映射出雄厚的经济实力。通常日本的渔村很少会有如此大型的民居，而且屋顶全部都是瓦造。每家每户几乎都拥有叫"藏"的一种附属建筑物。藏基本是日本土地宽阔的农村才具有的一种供农业生产之用的附属建筑物，主要用以生产作业和收纳。游荡于集落之内，依然可以感受到当年村落经济之繁荣。（图 10、图 11、图 12、图 13、图 14 、图 15 、图 16 、图 17 ）

图 10

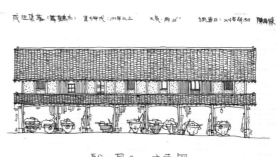

图 11

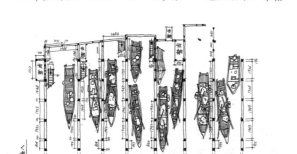

图 12

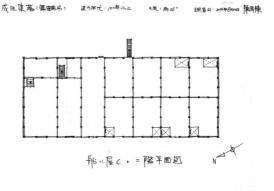

图 13

图 14

图 10　船小屋"七轩份"外观
图 11　七轩份立面图
图 12　七轩份一层平面图
图 13　七轩份二层平面图
图 14　船小屋 A 外观

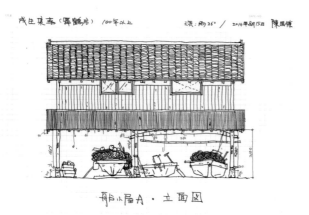

图 15

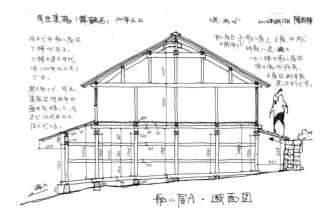

图 17

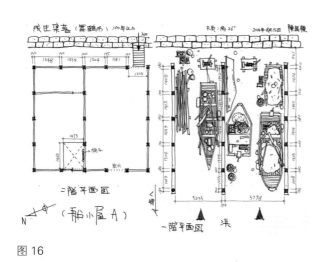

图 16

图 15　船小屋 A 立面图
图 16　船小屋 A 平面图
图 17　船小屋 A 断面图

五、片边的船小屋

　　属于新潟县的佐渡岛是日本第二大离岛。片边集落正是位于佐渡岛的西部，面向北海府海岸，是佐渡岛有名的渔村。片边在古代是一个小村落，现在划分为两个村落，南边被称为南片边，北边被称为北片边。集落于背山和大海之间的平坦地延伸，民居外部建筑材料用木板围合，极具特色。

　　片边集落是佐渡岛现存船小屋最多的地区，沿着海岸线分布。从船小屋所属关系调查得知，集落内靠近海岸的民居个人所有的船小屋比较多，内侧是主屋而外侧便是船小屋的配置关系，类似伊根的民居构成。而远离海岸的人家通过租借海岸边的空地建造船小屋。从外观特征看，一栋船小屋设置两个入口的形态，就能判断这是远离海岸人家所建造的船小屋。由于需要负担租借地金，基本是两户关系较好的人家共同建造一栋船小屋。因此，一栋船小屋设置两个门口，内部构造也设置墙壁把空间一分为二。所属关系决定船小屋的外观形态，成为片边船小屋一大特色。（图 18 、图 19、图 20、图 21、图 22）

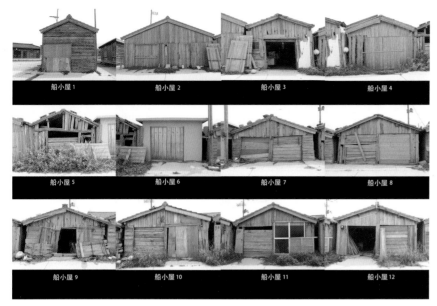

船小屋 1 　船小屋 2 　船小屋 3 　船小屋 4

船小屋 5 　船小屋 6 　船小屋 7 　船小屋 8

船小屋 9 　船小屋 10 　船小屋 11 　船小屋 12

图 18

图 19

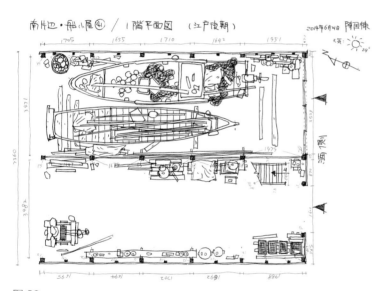

图 20

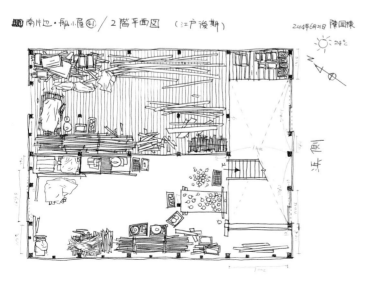

图 22

图 18　片边船小屋的正面景观
图 19　片边船小屋内部空间
图 20　片边船小屋一层平面图
图 21　片边船小屋断、立面图
图 22　片边船小屋二层平面图

六、三方五湖的船小屋

　　船小屋并非只限于渔业使用，古代尚未开通陆上交通时，一些土地狭窄的集落为了满足耕地需求，在远离集落的偏远地开辟农田，而往来与运输收获物的交通工具则需要以船代车，自然船只的收纳也离不开船小屋。此类稀少存在的船小屋，主要集中分布于日本的内湖地区，而今在京都府与福井县衔接处若狭湾一角的三方五湖岸畔依然存在。（图23、图24）

　　三方五湖是日本若狭湾国家公园的一角，由三方湖、水月湖、菅湖、久久子湖、日向湖所构成，故称为三方五湖。这里介绍的船小屋位于内陆侧三方湖畔的伊良积集落。伊良积集落是日本内湖典型的农村，民居建筑于狭窄的背山湖畔。由于没有多余的耕地，农田则在湖畔对面开垦，船只成为唯一的交通工具，这种特殊的农耕生活方式一直延续至1970年代。

　　伊良积的船小屋完整呈现了距今一万年以前的绳纹文化时代光景。急度倾斜的屋顶造型，粗大的掘立柱，厚实的茅草屋顶，朴素的建筑构造，极具研究价值。伊良积的船小屋对于考究日本船小屋的原型，实乃十分珍贵的例子。（图25）

图23

图24

图23　湖畔的船小屋
图24　三方五湖船小屋内部
　　　的延伸
图25　合掌造养蚕民居　　　图25

伊良積目前现存的船小屋不多，除了一栋直至近期还在使用的船小屋是铁皮造屋顶，其他都是茅草造屋顶。听村民介绍，茅草屋顶大概 20 年做一次修复，目前本地的这类匠人逐渐变少，未来的屋顶修复也是一大难题。（图 26、图 27、图 28、图 29、图 30、图 31、图 32）

图 26

图 30

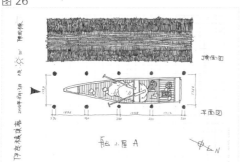

图 27

图 31

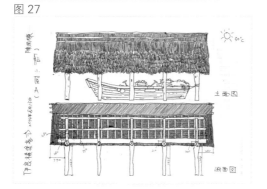

图 28

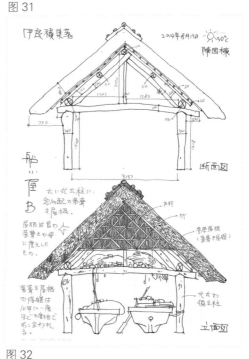

图 32

图 26　伊良積船小屋 A 外观
图 27　伊良積船小屋 A 平面图
图 28　伊良積船小屋 A 断、立面图
图 29　伊良積船小屋 A 正断面图
图 30　伊良積船小屋 B 外观
图 31　伊良積船小屋 B 平面图
图 32　伊良積船小屋 B 断、立面图

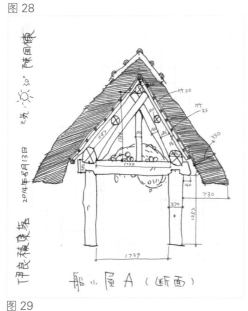

图 29

七、新井崎的船小屋

京都府丹后半岛的新井崎集落，距离上文介绍的伊根大约只有四五公里路程。集落紧逼日本海，所以家屋沿着山坡而筑，船小屋侧环绕山下的小海湾而建。新井崎的船小屋由于坐落在海边山岩地，建造物直接架放在岩石的地基之上，因此，船小屋的构造别具一格，柱和梁横竖贯穿形成主体构架，而屋顶直接安放于主构架之上。从中可以窥视日本民居营造中"贯构造"的最原始形态，极具研究价值。（图33、图34、图35）

图33

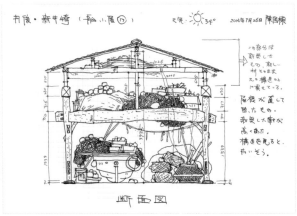

图34

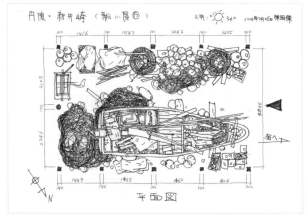

图35

图33　新井崎船小屋外观
图34　新井崎船小屋断面图
图35　新井崎船小屋平面图
图36　石名船小屋外观

八、石名的船小屋

石名集落是佐渡岛外海府的古老渔村。石名的船小屋主要集中在远离集落1公里之外的小港湾。据村民介绍，以前在集落内曾经大量存在船小屋。由于七八十年前集落内完成防洪堤之后，集落内船只不能直接出海，伴随着船小屋的功能消失，集落内的船小屋也慢慢被破坏，逐渐消失。为了出海需要，船只集中停靠在远离集落外的小港湾。因此，现存的10栋船小屋，其中9栋是在集落外，而集落内只剩下一栋船小屋。（图36、图37、图38、图39）

图36

图 37

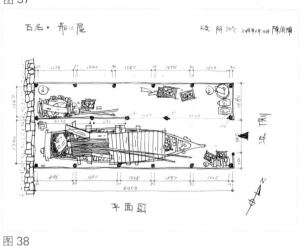

图 38

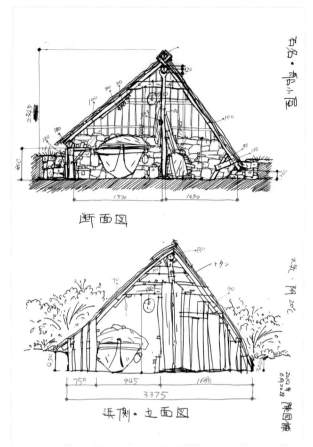

图 39

图 37　石名船小屋内部空间
图 38　石名船小屋平面图
图 39　石名船小屋断、立面图

九、渔村的生活道具

在人类生活的历史长河中，生活道具是人们生活智慧的具象表现。生活中遗留或者使用中的道具，也是渔村文化重要的构成部分。在我们的日常生活中，这些普通的生活道具往往不被人们所关注，特别是随着人们生活方式的改变，大量特定时期传递本土生活智慧的道具消声无息地淡出历史的舞台。（图40、图41、图42、图43、图44、图45、图46）

渔村生活文化极具魅力之处，无疑乃令人神往的饮食文化。渔村的饮食文化，其中捕捞物的干制品、腌制品的制作工艺别具一格。而人们所发明的制作道具，乃渔村一道美丽的风景线。漫步于渔村中，家家户户悬挂首制作风干海鲜的器具，如同一件件优美的装置作品——生活和设计的完美结合。近年，随着渔业技术机械化的发展，传统渔法、生活方式的改变，传统渔具也逐渐淡出我们的视线。而这些珍贵的生活道具，需要在当下得以妥善的保护和传承。

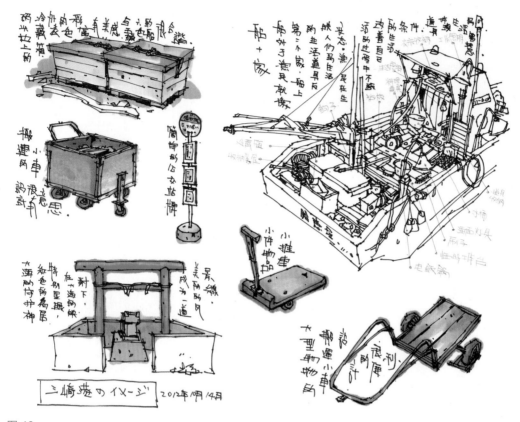

图 40

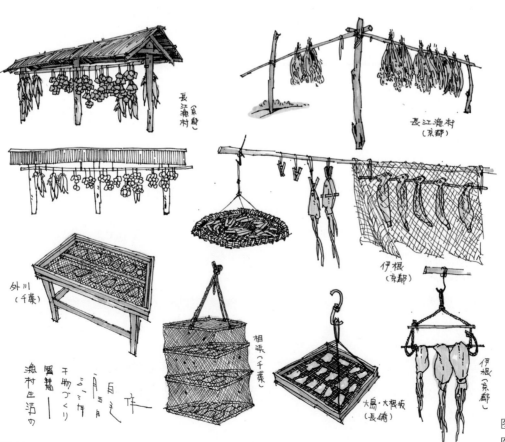

图 41

图 40　渔村的生活文化
图 41　渔村的饮食文化

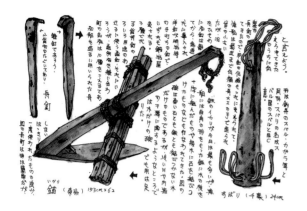

图 42

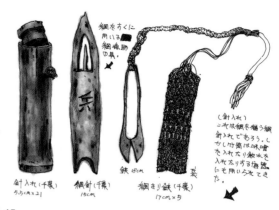

图 43

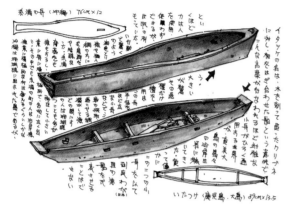

图 44

图 42　渔船的锚
图 43　编织渔网的道具
图 44　九州地区的木制渔船
图 45　贝类捕捞渔具
图 46　渔村的小推车

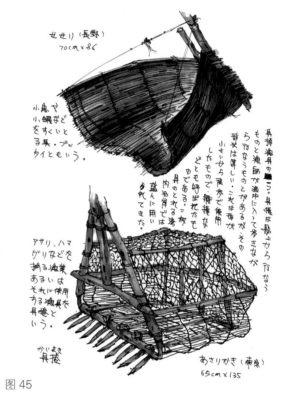

图 45

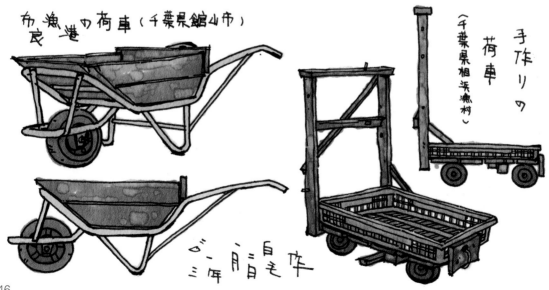

图 46

十、即将消失的渔村原风景

当下，世界各国都面临着同样的困境，我们的传统居住环境、生活文化快速地被现代化进程的步伐所摧毁。特别是我们周边一些不为人知的民俗建筑，遭到更加无情的毁灭。日本的船小屋同样也无法摆脱此命运，逐渐消声无息地消失。

20 世纪六七十年代是日本经济高度成长期，也是日本近代乡村彻底发生变化的分水岭。这个时期，日本各地的渔村轰轰烈烈的渔港整备和防洪坝修建工程集中进行，同时道路的开通彻底打开了各地偏僻渔村的陆上交通。由此带来渔港的填埋、海滩道路的修建，急速地终结船小屋的使命，甚至使其面临毁灭性的拆除。另一方面，伴随着渔业、渔船的近代化，从前的小范围渔法作业，已经被远洋作业所淘汰，昔日最具渔村特色的船小屋景观氛围已逐渐消失。船小屋自身的保存问题也十分严峻，尤其是往日的建筑材料如今获得困难，某些营造技艺也逐渐失传。

船小屋是水边建筑极具特色的一种形态，面对特殊的地理条件限制，恶劣的气候环境考验，它浓缩了先人不断适应周边环境的生活智慧。或许它并不像某些民居那样具有重要的研究价值，但是它却是各地民居构造最单纯的表现。我一直认为附属建筑物的小屋是普通人们对居住环境探索与实践的产物，它最直接反映各地域的风土环境、民俗文化特征。用最简单易建的构造，因地制宜地去实践，用有限的资金就地取材。它更像是没有建筑师参与的民居建筑实践的先行者，它所经受的考验直接反馈给人们，让人们更好地去营造自己的家园。因此，通过各地域的小屋建筑物，去探究人类居住的原点，这样民居构造的发展演变，将会是一个全新的探索。同时，对未来的建筑设计、人居环境的探索和实践，具有非常重大的意义。（图 47 、图 48、图 49、图 50 ）

图 47

图 48

图 49

图 50

图 47　筒石的船小屋
图 48　元小木的船小屋

图 49　溝尻的船小屋
图 50　三浜的船小屋

西递、屏山传统民居写生

文/图 王玮璐（湖南工业职业技术学院）

　　皖南旅游区以山地丘陵为主，在人们的心目中，皖南古村落是一个个山环水绕的山村，一派"桃花源里人家"的韵味。2014年4月份，为了更好的探寻徽派建筑艺术之美，我有幸与十几位设计师、艺术家一起前往皖南古村落风景写生。一路上从车里眺望窗外，尽是一派江南秀色，皖山为纱，徽水成网，数不清的河岔湖湾，轻波荡漾。悠悠江水从车窗旁掠过，两岸皖南风格的白墙黑瓦民居好似一幅幅风情画，眼前的一切似真似幻，令人欲醉欲仙。

　　每次外出写生我都很兴奋，因为不仅能够在游山玩水中进行手绘创作写生，而且能够感受不同地域灿烂辉煌的文化。皖南山区历史悠久，文化积淀深厚，保存了大量形态相近、特色鲜明的传统建筑及村落。皖南古村落往往与地形、地貌、山水巧妙结合，再加上明清时期徽商以雄厚经济实力对家乡支持，使得当地文化教育日益兴旺发达。徽商还乡后以雅、文、清高、超脱的心态构思和营建住宅，使得古村落的文化环境更为丰富，村落景观更为突出。

徽州古祠堂内景

皖南古村落民居在基本定式的基础上，采用不同的装饰手法，建小庭院，开凿水池，安置漏窗、巧设盆景、雕梁画栋、题名匾额，创造优雅的生活环境，体现了当地居民极高的文化素质和艺术修养。

皖南古村落的选址和建造遵循的是有着两千多年历史的周易风水理论，强调天人合一的理想境界和对自然环境的充分尊重，注重物质和精神的双重需求，有科学的道理和很高的审美观念。徽派民居的建筑特色是随着明清时期徽商的兴盛而发展起来的，能够在有限的建筑空间内最大限度地体现其构思的精巧以及工艺的高超，实为别具匠心的建筑形式。虽然后来徽商逐渐没落，但是这种徽派民居的建筑特色却依附在古民居村落里保留下来，因此具有重要的历史价值和建筑价值。

农家小院之一

皖南人家

无论是步行还是乘车，穿行在皖南的青山绿田间是一件很令人愉快的事情。在走走停停间发现美的风景并用笔和相机把它记录下来，多么惬意呀！左图就是我在屏山村无意间游走时碰到的一座徽派建筑的门头，斑驳的墙面、精致的细部和家的味道，一下子让我有了表现的欲望。粉白墙、小青瓦、马头墙、做工精细的砖雕和石雕，看着它们，就像在品读一首皖南人民抑扬顿挫、生生不息的史诗。画面中远处的石狮和花瓶现实中并不存在，是特意加上去的，这样画面显得更加丰富、细腻。这张画大约花了1个半小时，我边听音乐边画，整个过程十分轻松。

我们一行十六人，就住在屏山村里的一个写生基地。屏山古村落位于黟县城东南3.5公里处，因村庄北面有山壮如屏障而得名。又因古建制属黟县九都，村中为舒姓聚族而居，故又名九都舒村。据屏山村《舒姓宗源实务》和《舒氏宗谱序》等记载，屏山舒氏为伏羲九世孙叔子后裔，于唐末自庐江迁居屏山，至今已有1100多年历史。屏山村沿吉阳溪两岸而建，南北走向。屏山村内

农家小院之二

的吉阳溪，其长度和宽度在古村落中是独一无二的。为了方便两岸住户的往来，明朝成化年间，在小溪上建了八座石拱桥。沿溪而建的民宅、古朴的石桥、桥下潺潺的溪水，构成了典型的"小桥、流水、人家"的山乡韵味。相比宏村、西递的商业化开发，屏山就显得朴实多了。屏山的另一特色在于古祠堂。屏山的古祠堂，是时间与空间完美结合的典型范例。在这里，我们可以看到明清祠堂的精美雕刻，其艺术价值远大于黟县其他同时代的古祠堂。从空间上看，屏山的古祠堂聚集在一起，这种建筑格局在黟县古村落建筑中尚不多见。

屏山吉阳溪岸畔

这张图就是在屏山一古祠堂里画的，在门屋的下厅当时正好有一位木工师傅在做工。阳光通过天井和木门照射进来，木门的上方还写着"为人民服务"的大字，马上把人带入了上世纪60年代。平时画多了徽派建筑的室外场景，看到这样美的室内厅堂一下子就有了创作的冲动。时光荏苒，古祠堂仿佛在诉说着宗族的前世今生。

屏山民居写生

屏山古祠堂内景

西递古牌坊

下一站我们来到了西递，西递距黟县县城8公里，始建于北宋皇佑年间，距今已有近千年的历史。整个村落呈船形，保存完整的古民居有122幢，被誉为"中国传统文化的缩影""中国明清民居博物馆"。

西递四面环山，两条溪流从村北、村东而来，经过村落在村南会源桥汇聚。村落以一条纵向的街道和两条沿溪的道路为主要骨架，构成东西向为主、向南北延伸的村落街巷系统。所有街巷均以黟县青石铺地，古建筑多为木结构、砖墙维护，木雕、石雕、砖雕丰富多彩，巷道和建筑的设计布局协调。村落空间变化灵活，建筑色调朴素淡雅，是中国徽派建筑艺术的典型代表。

西递古玩店一角

西递民居写生

我们去的这个时机正逢旅游和写生的旺季，一下车就感觉到了旅游景点，带队的导游时不时地用喇叭喊着："后面的团友跟上，跟上。"不需细看就能发现，里面的老街是重新修整过的，但却颇有徽式古街风貌。各色商铺林立，满眼匾额招旗，显得古拙而典雅。出售茶叶、石砚、砖雕石雕、古玩字画、绣花鞋还有各色民族服饰的小店遍地开花。其中我比较感兴趣的是古玩店，虽然知道里面基本没有真货，但还是不由自主的一家接一家的逛。这张作品就是在一家古玩小店里画的，当时逛得走不动了，只想坐下来休息。画多了较大的场景，反倒想画一些小玩意儿。突然发现里面的石雕挺有意思，便提起画笔来。这张画更像是一幅局部图，我花了大部分时间在几个石雕的细节刻画上。

皖南地区绿树葱茏、山水如画，民风淳朴、民居精致，清雅野逸的田园风光犹如陶渊明笔下忘路之远近的桃花源。仅此一次的写生经历就让人难忘，现在翻看当时创作的写生作品还真觉得回味无穷。

农家小院之三

农家厨房

My colorful town

文/图 吴茂雨（自由设计师）

这是一次收获颇丰的旅行。旅程是戏剧性地开始的，而且没想到，整个旅程都充满了戏剧性。 走在巴塞罗那，一切都是那么的吸引我，艺术之都街头街角无不洋溢着艺术的气息。最令我吃惊的是圣家堂、米拉公寓、古埃尔公园，于是有了这几张大家看到的作品。高迪的建筑确实给予我极大的震撼，能用画笔画出来也算是向建筑大师高迪致敬吧。

圣家堂

古埃尔公园

米拉公寓

"阿拉丁"主题公园大门

"阿拉丁"主题公园美食街

也许很难找到一个合适的词汇能形容巴塞罗那这座城市，她热情、奔放、内敛、古老、现代、性感、神秘、疯狂，这里有蓝天白云，阳光沙滩，更有大名鼎鼎的天才建筑师留下的作品。巴塞罗那是我到过的最特别的城市，那些震撼人心的大师作品让这座城市伟大，而那些生活在巴塞的人，已经把这座城市的性格融入到自己的生活之中。

这次巴塞罗那之行重新唤起的热情一直留在心中，在进行《阿拉丁主题乐园概念设计》的时候，也不知不觉地被影响着。当时画这套方案的时候，脑袋里把技法、规则全部都抛掉了，凭着感觉和对童年的回忆，寻找当年那份执著和热情。此作品是大家一起做设计，我画的公园大门与美食街，结合公园主题"阿拉丁"，加入了中东的童话元素与整体风格。

"阿拉丁"主题公园美食街（局部）

江南印象

江南行

文 / 图　殷易强（广州山水比德园林景观公司）

　　初次来到江南，感觉江南水乡像一幅朦胧的山水画卷，朴实恬静，四处流溢着古朴与水墨的气息。大到一座城、一个古镇，小到一条街、一片砖瓦，仿佛在不停地向你诉说着江南水乡的古老韵味。

　　"河从门外过，推窗望流水。"小桥、流水、人家……或许这是对水乡生活最好的诠释。不管是石拱桥倾斜在清澈见底的水面，或是优雅别致的雕栏，还是印着岁月痕迹的断壁残垣，都与古镇风韵融为一体。清晨，坐着乌篷船在河中来回穿梭，任清凉的河水从指间流淌，这时让自己放空心灵，屏弃一切杂念，细细品味着水乡的古朴与恬静，内心不知不觉沉静下来……

　　此番行程在我看来，江南水乡比在网上看到的、想象中的还要古朴，还要美。毕竟仅靠视觉感官和亲身经历大有不同，就好比你看到苹果和吃到苹果是两种不同的感受，前者重在"感想"，而后者重在"体验"。感想只是对事物的一种幻想，具有预见性；而体验则是对事物以及其周围环境的感应、感知，具有真实性。因此，个人觉得行走、写生的意义在于对新生活、新事物的观察、体验和捕捉自然界中所蕴藏的美，然后进行整理、提炼，再加以创造。不管是从事设计工作，还是艺术创作都很有必要多走、多看、多记录，只有通过对一些新事物的认知和思考，才能激发你内心的创作思维，以及灵感。

江南水巷

无论南方还是北方的汉族民居，其共同特点都是坐北朝南，注重内采光；以木梁承重，以砖、石、土砌护墙；以堂屋为中心，以雕梁画栋和装饰屋顶、檐口见长。

江浙水乡往往前街后河。江南民居的结构多为穿斗式木构架，不用梁，而以柱直接承檩，外围砌较薄的空斗墙或编竹抹灰墙，墙面多粉刷白色。屋顶结构也比北方住宅为薄。墙底部常砌片石，室内地面也铺石板，以起到防潮的作用。

首先到的是绍兴。绍兴素有"文物之邦、鱼米之乡"之称。其文化底蕴浓厚，具有江南水乡的灵秀，鲁迅故居保存完好。绍兴的风土人情，

河边人家

绍兴仓桥直街的河道

以乌篷船、乌毡帽、乌干菜这"三乌"为代表，积淀了丰富的文化内涵并呈现独特的地方风采，令人神往。

第二站是乌镇。乌镇，这是一个来了就不想走的地方。它的美或许并不在于某个角落的某幢古宅，或某幢古宅的某处雕花，而是在途中不经意间的一瞥，透过那古砖老瓦，潺潺的溪流，一幢幢黛瓦白墙的房子组成的静谧，落日染黄了高高的那片墙；参天古树下的溪边石阶上，有人在河边捶洗着衣物……那一幅幅自然而然、天人合

乌镇西栅景象

一的画卷。在喧嚣的尘世中，乌镇的安静让人们回到几百年前的时光。

这里的水系从远古而来，饱含着历史文化的母亲河孕育着世人，荡漾着民族脉络温馨的印记。密集的河道，临水别致的民居，古朴凝重的风雨长廊，蜿蜒环抱的绿树浓阴，深厚的名人故居，奇妙的民族工艺，风流的印花布，浪漫的摇橹船等都让枕河人家风韵犹存，如诗如画。现实世界的喧嚣与浮躁在这里一点点地卸下。

最后到了苏州。苏州是一个重品位的城市，苏州园林更是时间的艺术、历史的艺术。园林中大量的匾额、楹联、书画、雕刻、碑石、家具陈设、摆件等等，无一不是精美的艺术品，无不蕴含着中国古代哲理、文化意识和独特的审美情趣。

苏州园林充分体现了"自然美"的主旨。在设计构筑中，采用因地制宜，借景、对景、分景、隔景等种种手法来组织空间，造成园林中曲折多变、小中见大、虚实相间的景观艺术效果。通过叠山理水，栽植花木，配置园林建筑，形成充满诗情画意的文人写意山水园林，在都市内创造出人与自然和谐相处的"城市山林"。

苏州留园石景

回想起这半个月的写生旅行，恍如做了一个梦。在梦里，一个人、一个背包、一本画册，一支钢笔，仅此而已。就这样一路吟唱，走街串巷，过桥看景，边走边画……在行进中带着遐想，张望中带着坚定，寂寞中带着愉悦。这一过程不需要过多的思索，也不必向任何人包括自己汇报或

苏州拙政园一角

证明什么，唯一要做到就是放空心灵，屏弃一切杂念、烦恼，静静地聆听、沉淀自己的内心。

改变，从行走开始。固定在原地不动就代表僵化、陈腐，甚至象征者死亡。比方说爬到山顶，无论向哪个方向走，都是下坡路，但它比不走好，因为走下去，总有机会再走到另一个山顶。只要走，其实就有希望。

行走日志

文/图　周先博（湖北工业大学）

　　从大一的时候起，就养成了走一处画一处的习惯，尽管自己从事的是平面设计专业。或许正是因为这种零压力，才让我每次画画的时候心里觉得特别的轻松和愉快，不用去考虑太多建筑和环艺方面的专业问题，可以更加随心所欲地发泄自己的情感和想法。我相信一支钢笔、一个速写本，在任何情况下都可以带给我思绪的触动和灵感的生发。这样，不知不觉地，已经积累了厚厚的几本速写了。

新疆喀什香妃墓后院，2010 年画

成都锦华房2012.5.
老门楼.

以前也画过雕塑，用马克笔画大足石刻是最近才开始尝试的。马克笔真的很好玩，每次心情不一样画出来的感觉都是不一样的。

可能是自己性格的因素，每次现场写生，总有一点坐不住，想趁着人多的时候以最快的方式把眼前看到的一切迅速记录下来。每一次画这样的草图，总能有很多的触动，留下深刻的记忆，无论回去之后有没有根据现场照片将草图再创作成正稿，这种草图始终是我自己最喜欢的表达形式。就如 55 页下图，莫高窟沙场上的白塔群，日正当空，大漠孤烟，或许只有这种画面，才能让我回忆出当时画它的心情。

（左上）成都春熙路锦华老门牌
（右下）重庆磁器口仿古一条街

石窟造像一

石窟造像二

莫高窟沙场白塔群

（上）桂林乐满地游乐园回忆草图
（下）厦门鼓浪屿写生

手稿

苏州九龙仓国宾一号精装庭院景观和软装设计

文/图　林东栋（上海陌尚景观有限公司）

　　说起别墅庭院，我们首先联想到的一定是阳光、草坪、大树以及树阴下惬意的下午茶。不错，别墅庭院作为别墅的重要组成部分，起着不可或缺的作用。弗朗西斯·培根在《论花园》中说："全能的上帝率先培植了一个花园，的确，它是人类一切乐事中最纯洁的。它最能愉悦人的精神，没有它，宫殿和建筑物不过是粗陋的手工制品而已。"

　　从古至今，各个国家在庭院建造方面，因为其独特的民族文化和性格，形成了各具特色的庭院风格：美式的庭院自然、纯真、朴实，充满了活力，严谨中带有随意，其中包括修剪得非常得体的草坪和灌木，笔直的路径和大量的绿色植物；英式的庭院是天然的图画，优雅、含蓄、高贵，有机结合地块的天然高差进行转换和植物高低层次的布局，形成浪漫的英伦情调和坡式园林特点；日式的庭院简练而精于细节，充满禅宗意境，例如吸收禅宗沉思冥想的枯山水，象征着自然、宁静和简朴，甚至是节俭的；中式庭院浑然天成，悠远空灵，以黑白灰为主色调，采用障景、借景、仰视、延长等手法，讲究移步换景，营造"虽由人作，宛自天开"的意境；法式的庭院规整对称，富丽华贵，中央主轴线控制整体，辅之以几条次要轴线，线与线的交点设置喷泉、雕塑、园林小品作为装饰；意大利庭院继承了古罗马花园的特点，采用规则布局而不突出轴线，利用地形高差，形成独特的"台地园"，被认为是欧洲园林体系的鼻祖；东南亚风格的庭院利用材料的粗线条勾勒出原始的质朴，多层次多品种栽培的热带植物生长繁茂，浓烈饱和的色彩点缀其中，让人无负担的随性坐卧，舒缓紧张的情绪，抛开纷纷扰扰的俗世，遗忘身边繁杂的琐事。

苏州九龙仓国宾一号，藏于苏州金鸡湖和独墅湖中心，是城市深处的私密别墅领地。本案设计的样板精装庭院是其二期的示范区，别墅建筑为意大利式的顶级豪宅。别墅室内含地下室面积为810平方米，庭院面积是792平方米。家庭模式模拟为三代同堂，主人为中青年，高管，育有一儿一女，健身和家庭聚会是户外主要生活方式。

一、项目之初

1. 现场考察

接到设计任务时，首先要进行实地勘察和测量，核对场地的实际尺寸和地形高差，与提供的图纸尺寸进行比照，确认图纸信息。这个过程要十分的严谨认真，准确的数据和信息才能给设计工作提供必要保障。

2. 从意大利园林本身出发

从意大利的传统庭院获得借鉴，提炼设计元素如下。

A— 台地、中心园、疏林草地、序列感

B— 拱廊、几何园、园中园、自然材料

3. 整理设计资料

此阶段是项目初期很重要的阶段。询问甲方的需求和想法，如：甲方希望能具有泳池、草坪，BBQ 等功能，具有示范区的展示效果和户外活动的实用性。充分了解建筑内部结构，使景观与其严密结合，例如了解室内活动流线，决定其走出户外的活动流线；了解其卧室和早餐厅的位置，设计最好的观景视线等；预读其室内设计风格和色彩，决定景观风格与之相一致；还要了解分析相同类别庭院设计的特点，为下一步的设计打下良好的基础。

样板房实景——餐厅一角

样板房实景——鸟瞰客厅

二、初步方案的确定

整理完毕各类资料以后，就需要做初步方案了。这个阶段主要确定功能分区和交通流线，用手绘的方式是最好的。面对 CAD 平面图的时候，思维会受到种种限制，因为手和脑的连接是最直接的，用电脑往往不能传情达意，不如拿出各色的草图笔，在纸上信手画一画，或许好方案在不经意间就出来了！

根据交通流线，规划出大致人行路线。第一条路线是从别墅客厅出来到后花园，第二条路线是从花园门直接进入庭院。以最合理的人行路线，划分出 5 个主要功能区，然后就是往里面填内容了，即细化设计。

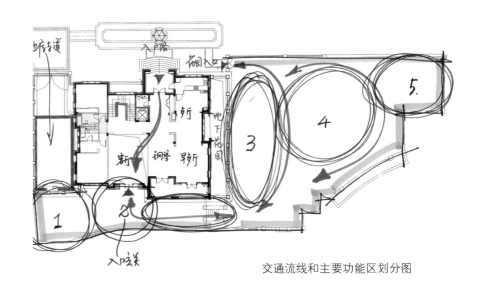

交通流线和主要功能区划分图

确定两大轴线：观景轴线和对景轴线，设计空间布局。此阶段要纵观全局，尽量在满足美观的前提下，把功能布局得最合理。从客厅出来到庭院，心情一定豁然开朗，这时需要一个对景水景做呼应。在左边最私密的部分，设计了小的家庭厅和苗圃园。沿着清幽小径拾步而下，到达主要的庭院空间。在这里需要设计泳池、草坪、BBQ 和室外餐厅，以及供聚会使用的家庭厅，这一切都是基于对户外生活方式的理解和对意大利庭院的深刻认识。

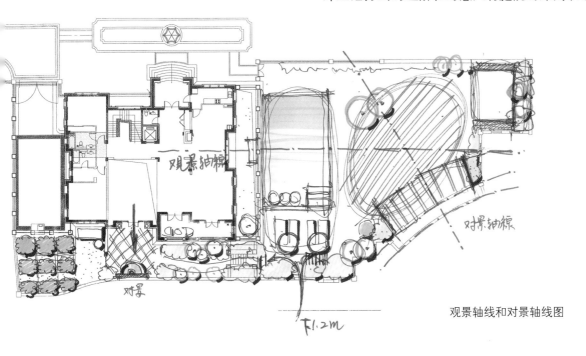

观景轴线和对景轴线图

别墅玄关草图

泳池草图

草坪及室外家庭厅草图

阳光餐厅草图

三、细化设计，完成图纸

一般在做城市景观诸如公园绿地、休闲广场、居住区或者庭院景观设计的时候，都需要给出两到三个方案供甲方选择。这是一个比较讨巧的方法，其中一个是非常完美的设计，另外的多少会有一些瑕疵，难以如第一个那么优秀。两相对比，甲方会毫不犹豫地选择第一个方案。

1.方案一

此方案功能合理，符合意大利台地园的典型特征，且拥有欧洲式的大面积草坪，给人辽阔的感觉。考虑到三代同堂，给儿童设计了攀爬墙等活动设施。室外泳池的设计采用无边泳池的跌级处理，很好的软化了 1.2 米的高差。良好的展示效果是此方案的最大特点。

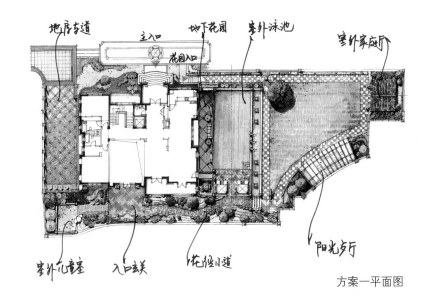

方案一平面图

庭院鸟瞰

从二楼主卧看到的庭院景观

室外泳池

BBQ 与阳光餐厅

花径小道

室外家庭厅

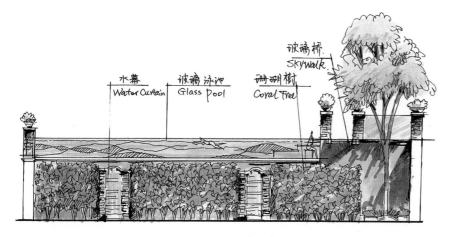

水幕
Water Curtain

玻璃 泳池
Glass Pool

珊瑚树
Coral Tree

玻璃桥
Skywalk

地下花园剖立面图

立面设计

方案一庭院效果一

2. 方案二

此方案在考虑意大利园林风格的同时，比较注重实用性。设计了七个园，中间用长廊连接。有下午茶时间使用的室外家庭厅，有BBQ派对的室外餐厅，有种植观赏蔬果的玫瑰园，有开满鲜花的喷泉花园，甚至有带有冲凉设施和壁炉的室外泳池。然而考虑到这么完善的使用功能之后，造成长廊和亭子过多，分割过碎，影响了庭院的展示效果。

方案一庭院效果二

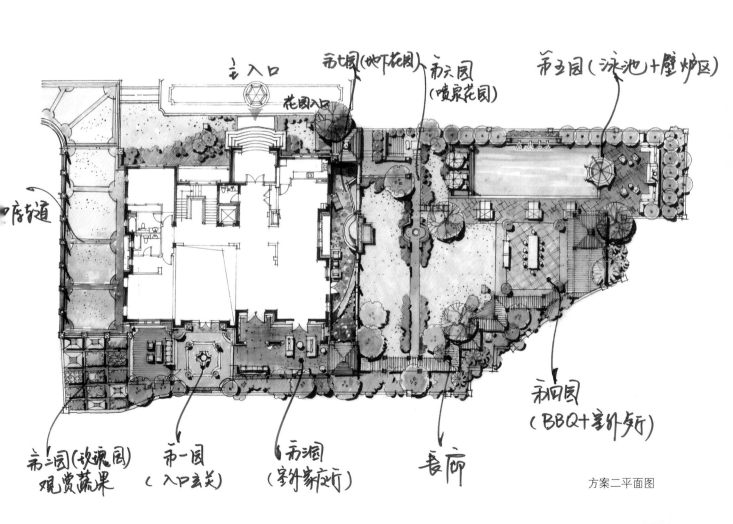

方案二平面图

四、深化设计

根据此前给甲方进行方案汇报的结果（甲方选择了第一方案），结合两个方案进行深化设计。以第一个方案为主要框架，将壁炉区的理念加入室外家庭厅，用苗圃花园替换掉室外儿童室，另外将1.2米的高差分成两段处理。在不改变大面积草坪的情况下，在对景的大树下多设计了一些绿植。另外在前面两个方案的基础上，重新设计阳光餐厅，造型更加活泼，使用天蓝色的纱幔以及低调的土红色餐桌椅，使其更加具有欧洲贵族风情。地下花园部分也进行了修改，简洁舒适自然。从地下室的酒吧和桌球厅出来，就能看到满眼的绿色，从而使过窄的地下花园不显得局促。

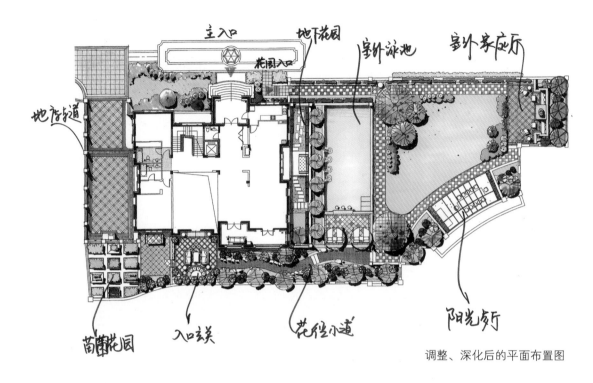

调整、深化后的平面布置图

五、景观软装

在景观设计中，分为两大部分，硬装和软装。硬装是对于结构空间提出来的，软装是近几年来独立出来的一门艺术设计，暂时还没有清晰的定义。在景观设计中，有越来越多人更加注重软装。这也意味着软装在整个景观设计中的重要性。

此案的景观软装就是为了提升示范区的展示效果所做的装饰部品，包括软质软装，如阳伞、躺椅、室外餐桌椅、靠垫、餐具、花钵、假枝假花等。试想，从室内走到风景宜人的户外，谁不想坐下来，享受一杯茶或者一块点心，这应该是人世间最纯净最自然的享受吧！

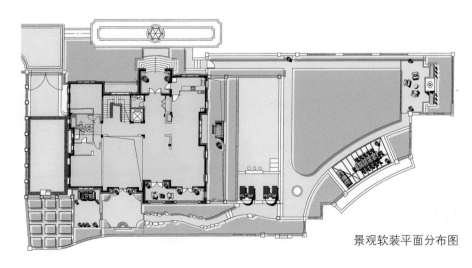

景观软装平面分布图

泳池躺椅

地下花园欧式榻及景观假窗

壁炉区

六、完成效果

别墅庭院景观实景图

设计项目中的手绘表现图整理

文/图 唐冉(重庆地博美苑景观设计工作室)

做了十一年设计了,一直坚持用手绘对设计进行表达。一来自己特别喜欢画画,二来甲方也看得懂,像私家花园和小区景观这样的设计就没必要专门全线建模了。从而,作为一个设计师,我眼里的手绘一定要思路清晰明了。在我自己工作室里,每年来实习的中年级(大二和大三)学生对手绘都有很模糊的看法:有的认为有了建模,没必要画手绘了;有的反复纠结自己画不好怎么办;有的则放任自己,等等。遇到这一系列问题真的不好单独解答,我只是笑着说了一句:"高配置电脑这里有,但是我为什么自己也坚持首选用手绘进行创作和表达呢?你们以后慢慢就会明白了。"

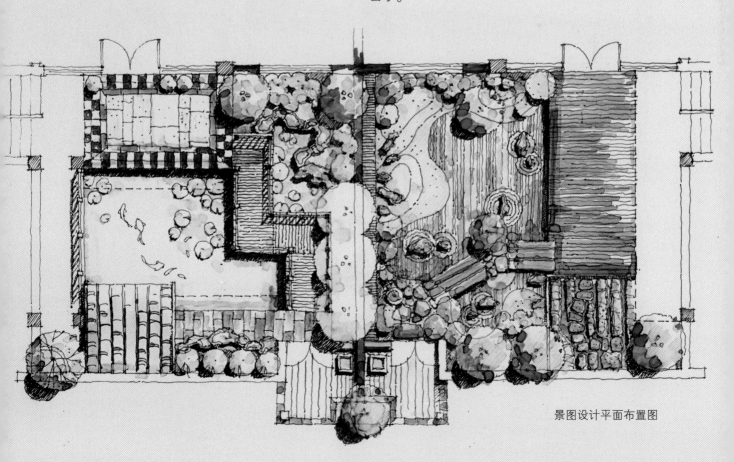

景图设计平面布置图

每次创作平面图，都是一个极其享受的过程，因为脑海里不停地浮现出两件让人兴奋的事情，第一件是甲方把款付了；第二件是我自己把平面图画得很有感觉了。当然，这是心里话。平面图创作让自己满意和收到报酬一样兴奋，因为平面图包含着设计的核心思维和创作中一切宏观控制的方向。

景观平面设计及绘制步聚图

第一步，用硫酸纸打印出作为设计基底的 CAD 图，再在其上打稿。

第二步，清理出道路流向和组团分析，让图面关系明朗化。

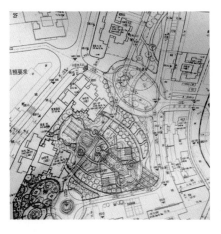

第三步，在道路清晰的基础上进行植被和硬质的刻画处理。

第四步，处理投影信息和铺装的细小衔接性问题，图稿成形。

第五步，用中性马克笔铺出初步的色调关系，分清楚硬质和软质，注意投影方向。

第六步，最后微调细节，检查图面不合理处，适当的地方用彩铅进行肌理调节。

草图是现在很多学生在学习过程中很喜欢画的，但是我在观察不少实习生画草图的时候发现了一个很严重的问题——"假草图"现象，就是为了迎合最后的方案文本而用最终成品效果图往前反推的草图。

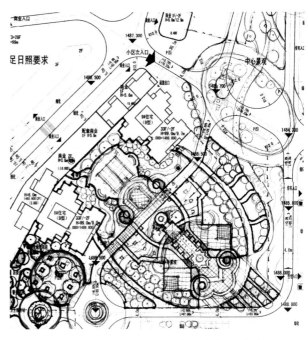

完成后的景图设计平面图

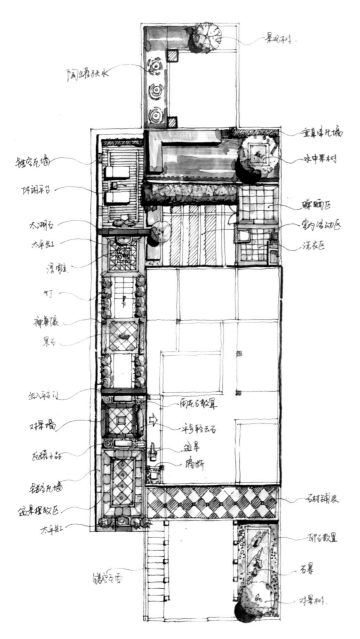

私家花园平面布置图一

或许这个和很多高校目前一部分老师的教学习惯有一些关系，让学生形成了一切服从版面、一切服从形式的行为习惯。这个问题在初入社会实习的学生里表现得比较明显。我自己坚持草图不作秀原则，因为草图是给我自己看的，或者跟客户进行初步简要的沟通使用。草图不可能是完美的，也不可能是很漂亮的，草图有缺陷，有硬伤，但是就是这种林林总总的问题，才是设计过程的一种体现，因为草图不可能和最后成品是完全一样的。

平时做得最多的项目就是私家花园，虽然是小项目，但是对微观的要求远大于大型项目，并且和客户直接交流的频率很高，因此对手绘图的细节质量要求就很高，要在空间性和条理性之间达到一种平衡。私家花园的整套方案，几乎不会做成豪华的方案文本，而仅仅是几张手绘效果图和 CAD 施工图。可以说，手绘景观在私家花园设计中是最纯粹的，因为完全没有电脑效果图的介入，而正是这种要求，才让我觉得手绘是如此享受。

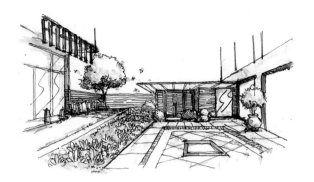

私家花园透视图一

私家花园透视图二

在私家花园的效果图里，没有海阔天空的气势，也没有供人太大发挥和夸张处理的空间，有的只是理性和感性的碰撞。

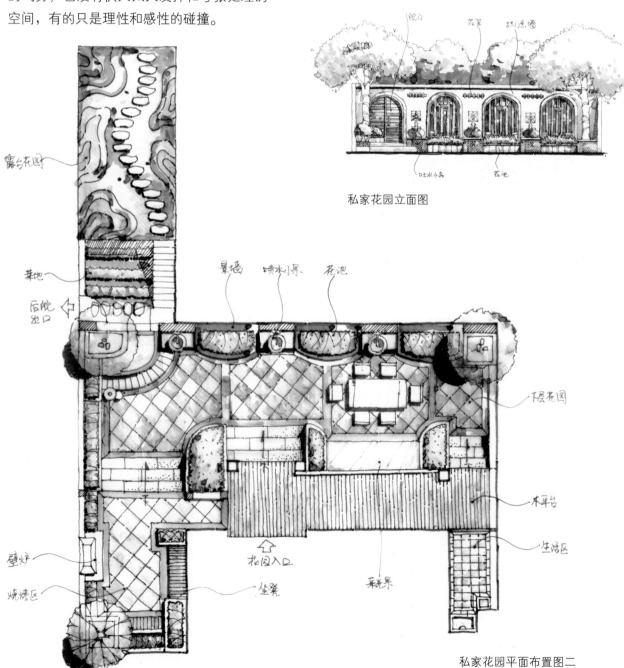

私家花园立面图

私家花园平面布置图二

不止一位实习生抱怨说为何画出来的东西常被我否决掉，我说那是因为他们发挥过头。我自己前年做的一个花园项目，位于重庆龙湖，总共一张平面图、两张剖面图和两张小透视图，画面仍然是硫酸纸上色，里面的植物和陈设都用朴素的方式进行描述。虽然技法不算凌厉，但是空间层次明了，业主看了一目了然，所以有时候，手绘的好坏真的不是绝对的概念，要具体问题具体分析。

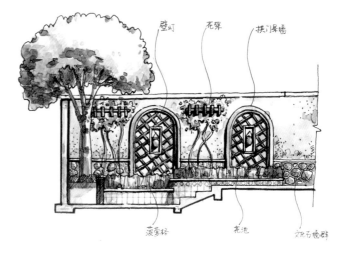

私家花园剖立面图一

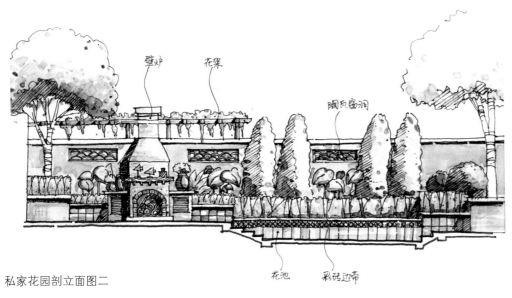

私家花园剖立面图二

层次感和空间感永远是这一类小型景观设计的首要环节，如果层次模糊空间错位，是很难具备说服力的。

私家花园空间效果图一

私家花园空间效果图二

当视觉效果和空间发生矛盾的时候，往往初入行的学生们会舍弃本身的态度而追求视觉效果的完好，其结果并不理想。一次一个实习生想不通为何我把他的图否决掉，我给他解释说："如果你是甲方，你出钱请人设计，人家画的东西不仅你第一眼看不懂，而且在人家拿着图做解释的时候你还是照样看不懂。那怎么办？只有重画。"所以，为客户设计，需要换位思考。

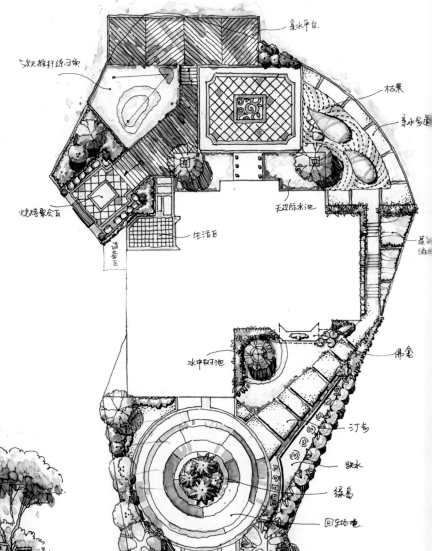

私家花园平面布置图三

私家别墅大门效果图

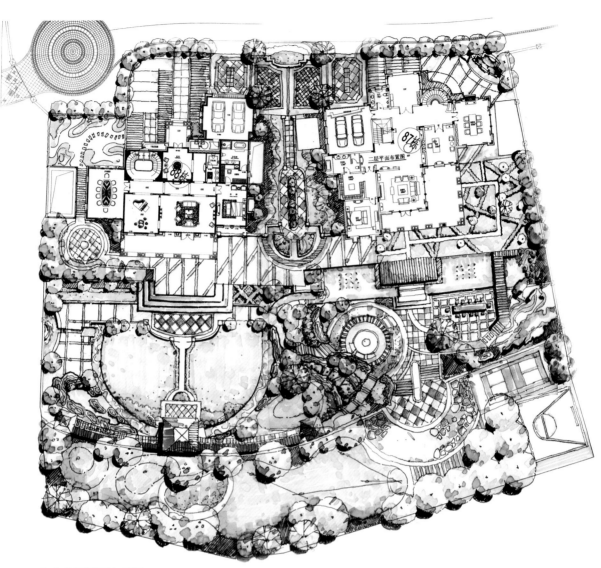

私家花园平面布置图四

私家花园护栏立面图

现在很多学生手绘太刻意追求角度了，哪个角度好看就画那个角度。作为艺术而言是可以的，可是作为设计而言，取景的角度必须要能很好地表达想法才行。

右图的彩铅跌水和最下方那张绿化手绘，都是我在检查了实习生的图之后不满意而自己重新画的。他们会很喜欢避开一些不太好看或者不太好画的物件，比如右图，图上靠左的位置有个转角的墙体，起初学生把墙体去掉了，当然他还是很慎重，没有胡乱添加别的形体。但是去掉圆形墙体后，这块空间的位置就不是很明确了，需要给人做解释。其实我个人是赞同开始的那张图的，人家第一眼能看懂了，设计师再解释就是锦上添花。如果客户看不懂图，需要先给客户讲图，很多内容都会大打折扣。

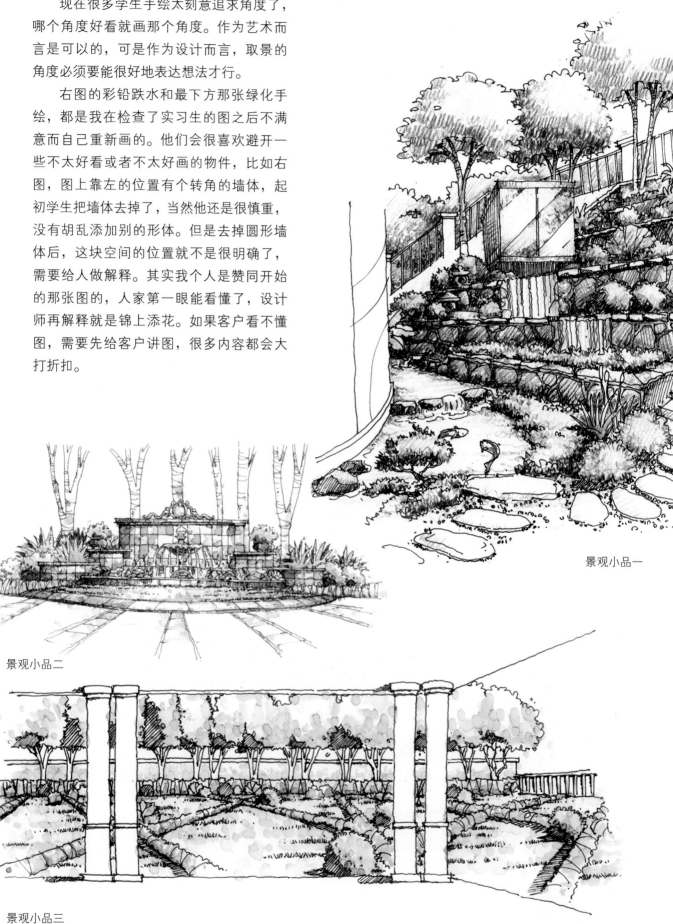

景观小品一

景观小品二

景观小品三

平时在做方案设计的过程中，无论是起初勾画的草图还是深化后的手绘平面图，我一直没舍得丢。草图包含着我对一套套方案的最初情感和憧憬。很多构思都是源于草图。相对而言，最终平面布置图、效果图和施工完毕后的现场图，能给人以成就感，但是兴奋感还是在草图里。当然，这仅代表我自己个人的看法。

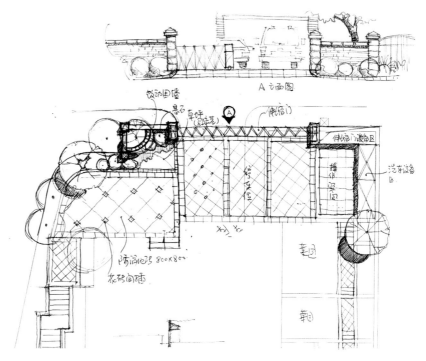

景观设计中的平面草图

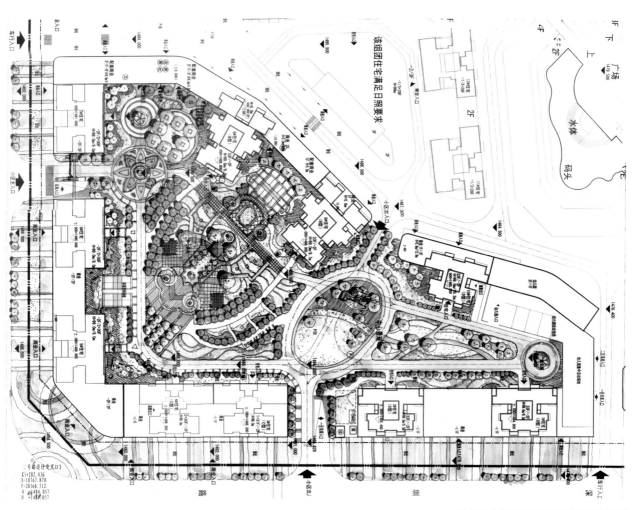

重庆巨宇江南景观设计平面布置图

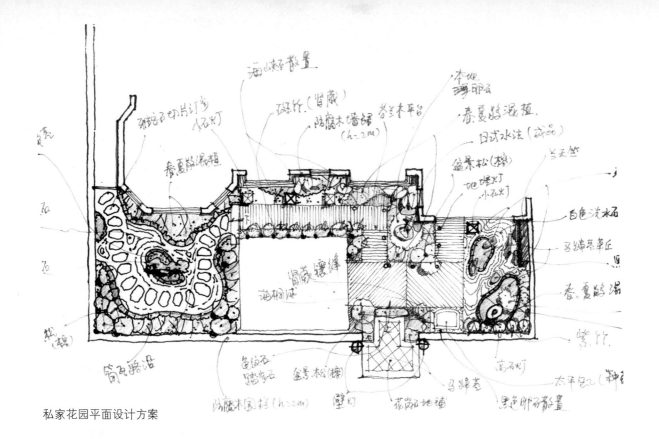

私家花园平面设计方案

总之，手绘表现图的吸引力是永远的，我画了十一年，不敢说自己画得就一定多美好，我在用真心画。客户和旁观者能够从我的图面上感受到我对待这套方案的诚意和思考。我自己也在不断地总结和提高，虽然极其缓慢，但是仍然乐在其中。这种感觉真好。

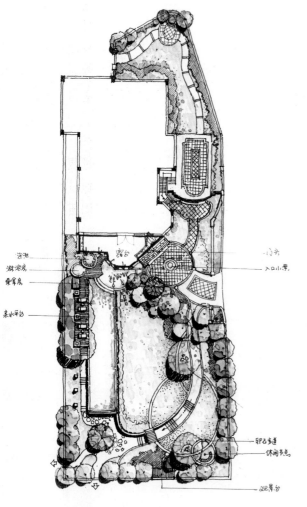

私家花园平面布置图四

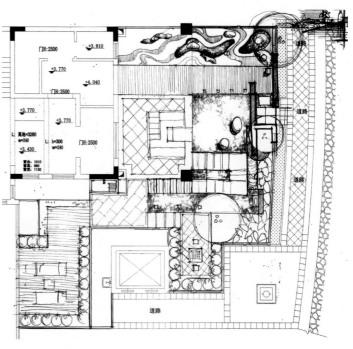

私家花园平面布置图五

咖啡吧概念设计心得

邹兴宇（重庆小鲨鱼手绘工作室）

其实在画这套咖啡馆设计图稿时，我并没有上过设计类的专业课，对于一些非常严谨的制图标准或是尺度拿捏并不算很好，然而促使我在这种对设计很懵懂的心态下，把我自己对咖啡馆这样一个空间的理解用手绘的方式表达了出来，是因为这样我才真正地在纸上"建造"了一间属于自己的咖啡馆。关于这套作品，我没有办法去定义自己的风格，以后也不会只局限于某一种风格去画手绘，我更希望自己能多接触、多感受一些新事物甚至自己创造出一些新的东西。我平时非常喜欢看动画大师宫崎骏的手稿，线条简练生动，但是并不缺乏内容，我们从中常能看到一些感人的细节。我希望自己也能画出有细节可以挖掘，从而打动人的作品。我觉得要想画出与众不同的作品，最重要的是自己的心态，不能是为了与众不同而与众不同，只有做到构思独特，才能画出令自己满意的作品。

在进入美院学习之前，我并没有接触过真正的设计手绘，只是在逛书店或在网上浏览过一些钢笔建筑画与马克笔画。第一次看到马克笔的绘画效果时便被这种便携、快速的工具所吸引，而它所表现出来的色彩感觉也与之前所接触过的水粉画不同。然而网上的绝大部分马克笔画的建筑、植物给人的感觉太过沉闷压抑，我反而更喜欢一些用马克笔小笔触画出来的生动可爱的动物。

大一的第一个学期很懵懂，上完学校的基础课之余有很多空闲时间，不知道要做点什么好，正好一个学姐叫我去陪她上一节手绘课，正是这个偶然的机会，也让我第一次领略到手绘的魅力。在小鲨鱼听的第一堂课，老师做了一些简单的快速表达示范，准确而灵动的线条快速地画出几株植物，或是石头，汽车等物件。这种风格的手绘是我之前所没见过的，我也由此报了周末班正式踏上了我的手绘学习之路。听完第一节课我便发现小鲨鱼手绘的确与众不同，以往我见过的手绘图大多都给我一种浓墨重彩，死气沉沉，而且风格都大同小异的感觉。

咖啡吧空间透视图一

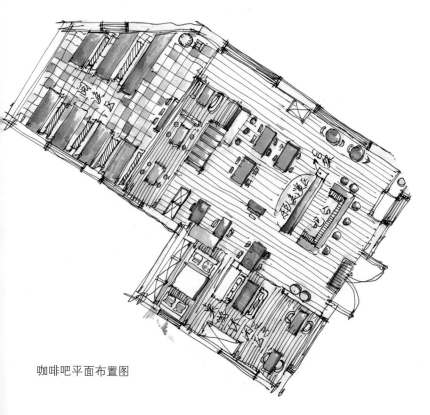

咖啡吧平面布置图

　　而这次手绘却给我一种轻松感，线条明快，用色活泼，画面也十分生动有趣。初学设计手绘表现时，感觉很像高考前练习的人物速写，但又与速写有一定的差别。然而这些差别在哪，却又没有办法讲出来。不过有一点我可以肯定的是，速写在很多情况下是将原物体快速表现到纸张上来。设计手绘是根据设计方案进行表达，可以较为自由地添加人物或部分陈设品等内容。这种感觉是在考前班画速写时没有体会到的。接触设计手绘以来，我便喜欢上闲暇之余随手画下生活中一些不起眼的小物件，例如杯子，书桌上的小盆栽，或是一些老式摆件等。在画下这些小物件的过程中我得到了快乐与一些感悟。

渐渐地我发现手绘对于抓住生活中某些一闪而过的灵感或画面非常的方便。很多灵感或是画面停留的时间都只是一瞬，用相机记录反而不如一支笔。手绘可以快速记录下这些画面，后来进行整理或是在此基础上进行创作都是特别地有趣。在这个随意写写画画记录生活的过程中我萌生了许多想法。一直以来，我都对咖啡馆这个场所情有独钟，也一直想拥有一间属于自己的咖啡馆。高中毕业后的一次厦门之旅，让我接触到了这个沿海城市不同风格的咖啡文化的魅力。

咖啡吧一角

咖啡吧的吧台

不同咖啡馆装饰风格各有千秋，但我发现很多坐落在繁华商业街的咖啡馆或是在人流量大的鼓浪屿上的咖啡馆功能却很单一，主要就是提供给游客喝喝咖啡、休息、聊天的场所。反而一家坐落在环岛路上，店面不大招牌不算很吸引人的咖啡馆令我印象深刻。那家咖啡馆不同寻常的一点就是氛围与

咖啡吧外观设计

咖啡吧立面分析图

咖啡吧外观设计（局部）

咖啡吧空间透视图二

众不同。普通咖啡馆通常刻意把灯光调暗以营造所谓氛围，这家却特别干净明亮。除了喝茶聊天外，它还提供了不错的简餐服务。

学习手绘一个学期后，我便按照心中自己的想法在纸上涂涂画画。起初只是画下一些咖啡馆的小场景图或是自己设想的一些咖啡馆的标志或小摆件等。随着这些草图的积累，咖啡馆的主要构架也在我心中慢慢成形，我希望它是一个能集合咖啡馆、书吧、餐吧、音乐吧、休闲吧为一体的空间。最初对于咖啡馆的设想只是按自己喜好来布置，营造出我想要的一种氛围，真正画起来却也不容易。在画图的过程中有很多情况是无法预料的，我并不知道这张图最终完成的整体效果会是什么样，只能一步一步地画，一点点地把它揉捏成形。画咖啡馆的第一张效果图是最困难的，起稿的过程还好，用马克笔上色时却出了问题，考虑得太多反而导致我不敢下笔。冷静思考后我决定把第一张图当做草稿来画，将心态放轻松，也不给自己、不给图画设限。第一张效果图完成后我很开心，尽管最终画面展现出的效果与最初的设想不同，但却画出了一种新的感觉。最难的第一步走了，后面的就变得顺畅许多。从第一张图中获得的感受也被我带进之后的几张图里，以放松的心态来完成了这套作品。

这套咖啡馆的手绘图中有一个重要的元素就是人物。在以往的手绘图中，人物都是一个简单的轮廓或是剪影，除了这种快速的表达方式，我更希望能在画面中展现出一个个灵活的，有生气，有表情的人物。当我把各种不同表情的人物与画面融洽到一起之后，我也收获到了意想不到的效果——画面的整体氛围因为这些人物的存在而变得十分灵动。小物件或是动物这种看似不起眼的东西其实对调节画面氛围非常有帮助，除此之外，我在画面中还加入了一些我很喜欢的印第安民族风格的东西。在画这些人物、动物、小物品时，我的心情是十分轻松愉快，没有负担的。

除了艰难的第一步之外，还有一个环节是我觉得有障碍的，就是将心中所想的东西在纸上表现出来时，我会有很多想法：同一个物件或是同一个场景，我犹豫用哪种色调去画，犹豫它是否与其他部分协调，空间和氛围两者之间怎么样才能同时处理得当。后来我发现这种想法显得有点"贪心"，因为我不可能一次性就把所有的东西都表达完美，只有真正地下笔画出来，才能再去慢慢地修改，协调。这也是画手绘的过程中非常有趣的一件事，当你过一段时间来看你以前画过的画，那种感觉是非常奇妙的，你对画面可能又会产生一些新的想法，真正是艺无止境啊！

心得

XINDE

手绘十一年记

——艰难但却快乐的自学之路

刁晓峰（重庆交通大学）

一直在纠结要不要讨论这个话题，估计没有人愿意提及自己的往事和不堪回首的学习过程，但是后来接受了很多手绘圈内好友以及学生们的意见，把这篇文章写出来。回顾一下自己十余年来自学手绘的艰辛之路，也给学生们一些鼓励和建议，手绘的学习不是那么可怕，但是也不是那么简单。这条路磨炼了我十一年，画了十一年，才让自己满意。中途开班培育弟子，传授经验和招数，也不断地反思一些问题。翻了一下以前我自己画的东西，很多感慨，写出来与大家共勉，如果遇到类似的问题，也好解决。自己当年有一个问题，也是现在大家的问题，就是"障"。障是什么，障是明明画了一张不好的图，但是自己意识不到，还沾沾自喜 觉得成高手了。障是一种蒙蔽自我当前意识的东西，也许大家会觉得可笑。其实也没啥值得可笑，谁都有一个不堪入目的过去。我首先要做的就是擦亮学员的双眼，尽量消除障。

一、持续时间约为 2003 年一整年（起步萌芽期）

2003 年的时候考入四川美院的环艺系，当时我对整个环艺学科的概念都很懵懂，更别说环艺专业的一门必备技能"手绘表达"。学校并未开设手绘课程，而是搭着空间课程顺便讲解一下。我还清楚地记得当年我们班买马克笔的那一幕，大家一起在校门口的画具店和老板讨价还价，计较马克笔的价格。我还是全班买得最多的，一共买了 14 支，12 元一支，花了 168 块钱。左挑右选，生怕买到了类似的颜色浪费了钱。买好了还沾沾自喜，"看我多会选吧！"

班上同学有买五支的，也有买七八支的，我这个当班长的买得还算多的。不过现在回忆起起来觉得蛮好笑的，一张优秀的手绘图岂是这么十来支马克笔就能够驾驭得住的。

马克笔作为一种独特的表达工具，中间的层次和色调，需要悉心分析和总结，冷暖虚实，需要多种笔触去调试。当时还是完全不了解什么叫做马克笔，只知道拿起笔头齐刷刷地刷出一些笔触就叫做帅气了。现在看来很幼稚，但是这就是当时最真实的心态。

此时此刻，由于自己还处于盲目摸索自学的阶段，因此，很多技法浮于表面。马克笔的笔法也以"块状"笔触为主，不去追求物体的美感，只追求工具的笔触感。当然，那时对物体的认知能力很弱，在如此这般各种因素影响下，就催生了右边这些比较奇怪的效果。这种效果也是大部分手绘初学者最容易在纸面出现的。

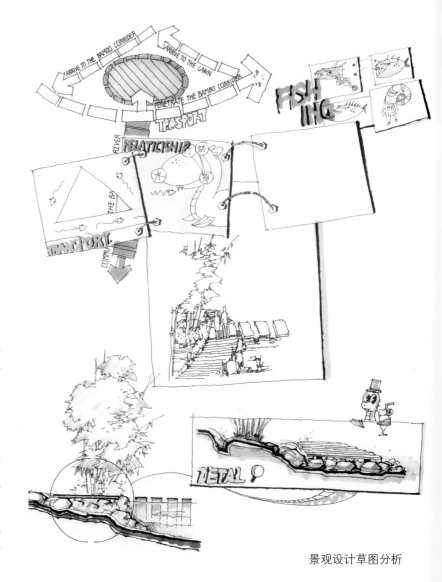

景观设计草图分析

经验剖析——

每次进行手绘教学时，我都会把这个问题作为重点向学生们解说，因为这是每个学生迈向手绘学习的第一步。不管基础扎实与否，不管悟性高低，都会遇到工具的困境，没人能在初学的时候把马克笔画成水彩画的感觉。如何避免形成过多的笔触块面就是教学第一步需要迫切解决的问题。由于其抽象性，目前只能通过不断的研究物体形体和笔触的关系来慢慢缓解，形成"软着陆"。

二、持续时间约为 2003 年到 2007 年（矛盾期和初步摸索期）

慢慢地，开始有进步的倾向了，但是仍然充满了矛盾和纠结，因为这时候其实还未真正入门，只是已经意识到了第一阶段的问题，并且希望通过各种方式进行改变。由于意识到了自己的马克笔笔触没有能够解决实际表现问题，因此用水彩、彩铅等媒介进行尝试，有意避开马克笔的笔触，寻求细节和多样性。然而由于对设计仍不了解，画出来的东西显得生搬硬套，不太合理。可以毫不客气地说，画面上剔除作秀和分析的部分，具有实质性表达意义的部分几乎没有。

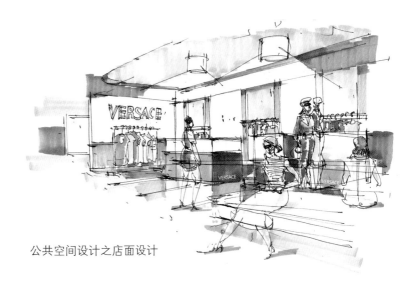

公共空间设计之店面设计

三、持续时间约为 2007 年到 2010 年（迷茫和纠结期）

这个时期的学习过程是更加纠结的，因为线条的动感和物体的形体感之间很难形成一个让自己满意的平衡，要么太狂，要么太板，缺少力度和韵律感。

游乐场局部速写表达

码头别墅小景快速表达

四、持续时间约为 2010 年至今（进步、稳定和探索时期）

经过长时间的练习，不断地总结问题和教训，慢慢地，自己的画面开始稳定下来了，并且取得了较大的进步，场地感开始凸显，空间感变得明朗，并且正在为如何把控画面的格调和情感努力。

经验剖析——
或许和大多数喜欢手绘的发烧友一样，场地和氛围的矛盾永远是最难攻克的难题，这也是学习中最大的一道瓶颈，必须冷静对待，逐层剖析，先技法后空间再情感，慢慢地就会寻找到一条适合自己的路。路需要自己走，切忌照搬照抄，临摹的价值在于汲取经验而不是迷失自己。

桂林乐满地主题乐园写生表达

时尚餐饮店面手绘

（上）协信阿卡迪亚住宅
区设计草图，2012 年
（下）湖南邵阳崀山国家
森林公园写生，2012 年

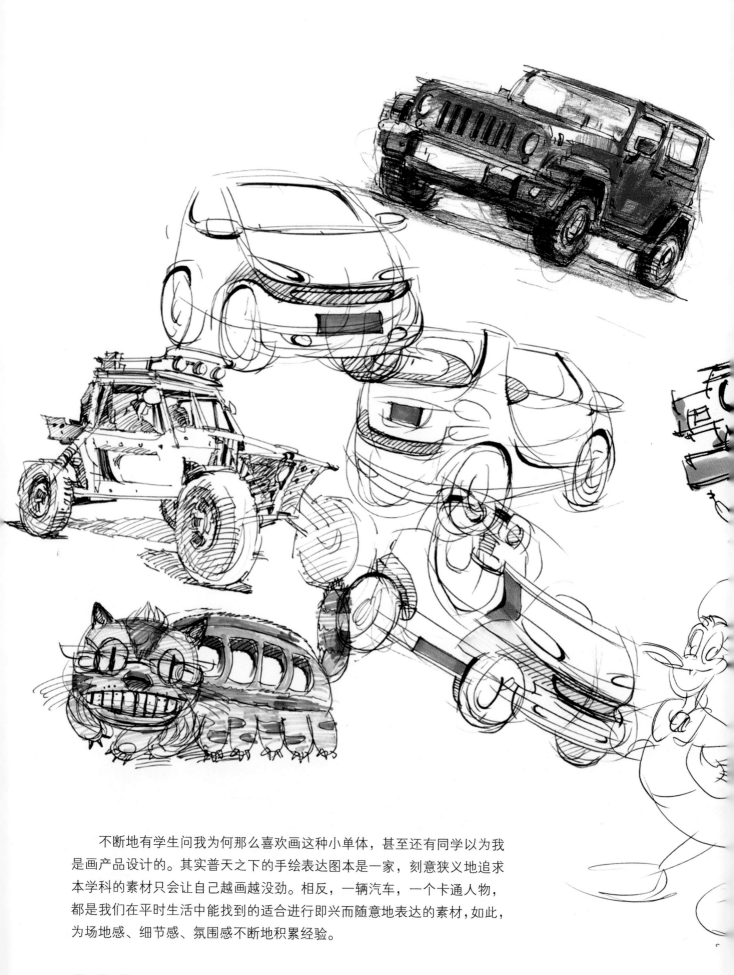

　　不断地有学生问我为何那么喜欢画这种小单体，甚至还有同学以为我是画产品设计的。其实普天之下的手绘表达图本是一家，刻意狭义地追求本学科的素材只会让自己越画越没劲。相反，一辆汽车，一个卡通人物，都是我们在平时生活中能找到的适合进行即兴而随意地表达的素材，如此，为场地感、细节感、氛围感不断地积累经验。

交通工具以及卡通杂项

这是 2 年前接的一个项目，位于四川省乐山市马边彝族自治县，为一个小型的生态旅游度假村。在方案的前期，全部用手绘纯线稿进行创作和空间的思考。实践项目和写生类手绘有一些区别，要弱化画面的艺术感，强化场地的设计感。很多同学这一步走得不是特别稳健，是因为对设计类手绘的根本作用在理解上出现了偏差。大量的临摹资料充斥着网络搜索引擎，在给学生们提供方便的同时也弱化了学生们对设计感的认同和重视。任何用于空间表达的手绘，不管风格是严谨还是狂放，思路必须清晰，空间必须明朗。

马边县穿牛鼻度假区山顶小木屋组团设计构思之一
马边县穿牛鼻度假区下河堤坝绿化空间构想

原生竹丛
THE. ORIGINAL. BAMBOO.

木质·床想平台
THE. WOOD·PRESERVING
PAVILIONS.

滨水植物群落
THE. WATERFRONT. PLANT.

WOOD·PRESERVATIVE.
多层木平台·浸水.

马边县穿牛鼻度假区下河堤半弯处小节点
马边县穿牛鼻度假区山顶小木屋组团构思之二

马边县穿牛鼻度假区停车场构想图
马边县穿牛鼻度假区山顶小木屋组团构思之三

陶艺师之家空间设计

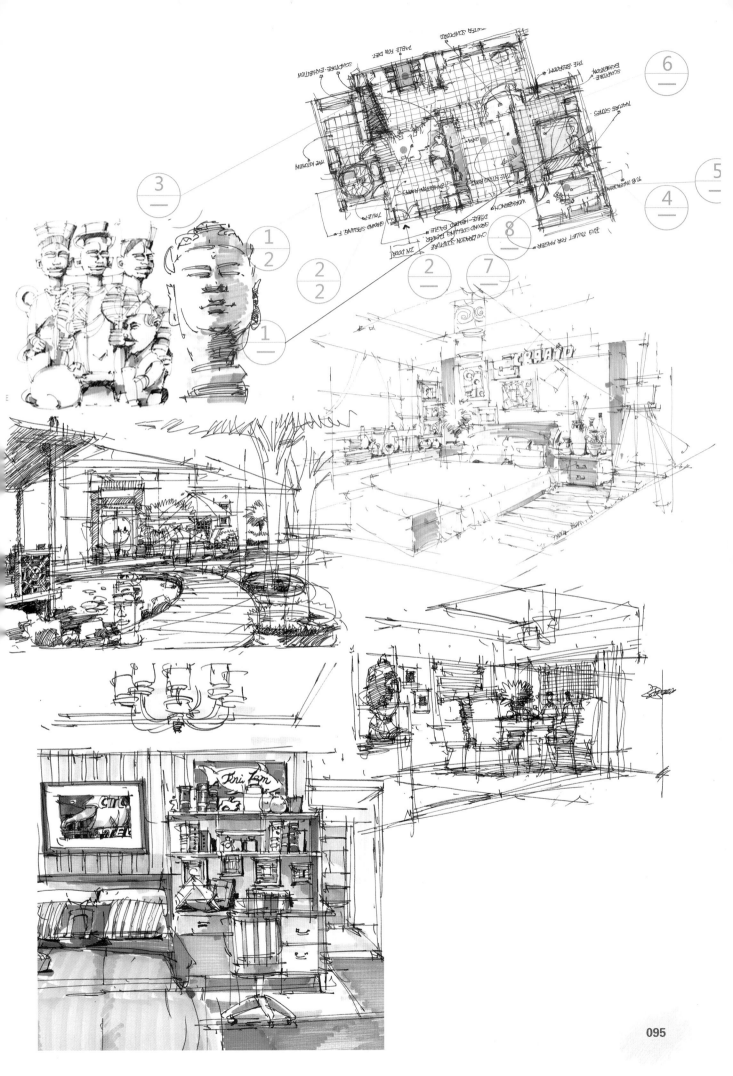

苏州园林

魅力线条

黄力炯（宝钢集团培训中心）

我非专业，也没有师承，作为业余爱好，绘画伴我一路走来。受家学的影响，自小就常参观各类展览，见识了很多古今中外的优秀美术作品。孩童时代的暑期基本就在出版社度过（我父亲在出版社工作），有幸见识过很多沪上知名画家，耳濡目染，迷上绘画，一直延续至今。现在宝钢集团培训中心从事企业文化工作。

之所以选择钢笔画作为主打，是因为从小在阅读外国小说时，书中那些精彩的钢笔插画给我留下很深的印象。还有一些铜版画的画本，比如《圣经》《十字军东征》等也一直未能忘记。尤其俄罗斯画家茹可夫一套描述巴黎公社战斗的钢笔画深深地把我迷住，我曾临摹过好几遍，从中体味画家的激情。历史上有很多的大师都有精美的钢笔画传世，这也给我拓宽了视野。那个年代，连环画盛行，上海有许多全国知名的优秀连环画画家，出版了大量精美的连环画作品，至今我还收藏有好几百本连环画呢！

多年的钢笔画实践，使我对其有了越来越深的感悟。钢笔画对造型能力有着较高的要求，画人物需要了解人体解剖，画风景需要了解结构透视，这是驾驭线条的基本条件，同时还要对你所描绘的创作对象有深刻的理解能力，要做到与画作有心灵的沟通。比如我在画徽派建筑这一类的作品，就会主动去了解当年徽商的辉煌，衣锦还乡后在建筑上体现的光宗耀祖、贾而好儒、崇尚文化的徽文化精神。有了这样的理解，就能很好地把握作品的主脉，使自己的作品能更好地传递出浓郁的历史沧桑。因此没有基本的造型能力和理解能力，很难将钢笔画深入下去。

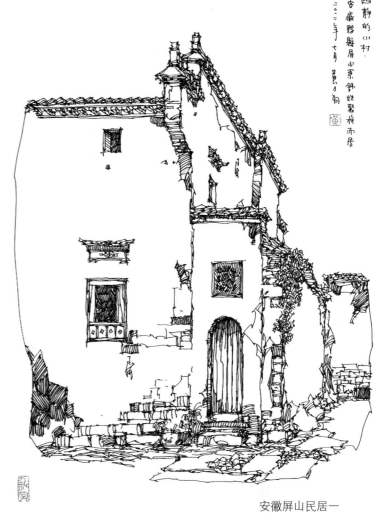

安徽屏山民居一

安徽黟县碧阳书院

北京潭柘寺

钢笔画有其独特的表现语言，少有粗细浓淡变化，就一根线条，上溯洪宇，下穷纤毫，没有它不能表现的。它是一根非常神奇的线条，一旦你能自由的驾驭它，就能激发出惊人的表现力。同时钢笔画也有它特别的经济性，一支笔，一张纸，画废了揉揉摔了，只不过带来一丝郁闷。

安徽屏山民居二

山西五台茹村龙王堂尊胜寺藏经阁 二〇二二年 胃力州

山西王台茹村龙王堂尊胜寺

山西定林寺山门娼妓挟北京三层楼阁式建筑 二〇二二年 胃力州

山西高平市定林寺

北京卧佛寺

　　此前所述，钢笔画有其独特的表现语言。与其他画种比较，它的表现方式相对单一，但它所要表现的是大千世界，那就必须在线条的本体上下工夫。线条的粗细浓淡是一定的，但线条的流速和组合却是变化万千。这方面前辈们已为我们作了很好的示范，吴道子的《八十七神仙卷》中的线条把其神韵表现得淋漓尽致。漫卷的线条，示人的却是飘逸的道仙，满是线条，不见线条，这就是境界。现在外面很多的《八十七神仙卷》印刷品较粗糙，魅力尽失。我有一套早年上海朵云轩出版的水印木刻《八十七神仙卷》，展卷就能感受到扑面的神韵。

　　线条可以通过不同的运笔流速表现出或飘逸灵动、或刀劈斧斫、或圆润丰盈、或瘦骨嶙峋的事物，还可以通过不同的线条组合表现各种自然肌理，草木山石、庭院山村无所不能。各种树叶、各种山石都有各种丰富多彩的线条组合表现方法。当然随着对象的不同，它的组合也在发生着变化，就是同一个物体也有很多种表现方法，真正是艺

无定法。比如说水，比如说山，都有很多种的线条组合。

　　我在作品中基本以运用线条表现为主，佐以明暗，借鉴西洋画的表现方法，以使作品更显得厚实。暗部处理最容易画死，要特别注意在暗部的线条宽疏交织组合，使暗部的线条"透气"，这样会使画面灵动起来，还能使画面呈现出色彩的意境。

　　在构图中，我借鉴了中国画的构图方式，大胆取舍，充分发挥线条疏密的对比关系，疏可奔马，密不透风，构建画面的节奏和韵律。以疏密对比关系为主，运用大量的黑白、大小、欹正、虚实对比，这样使你的作品更加空灵，更加耐看。在画面的尺寸上，也作过多次的尝试，以40cm×40cm为宜，这样装个60cm×60cm的框非常地漂亮。

　　我曾见过一些作品，楞一看就是一张黑白照片，完全是图片的还原，功夫惊人，纤毫毕现。在这样的作品面前，我只能惊叹作者的能耐。但是，

上海豫园老君殿

三层楼阁前叠加三层亭子置星照楼阁具指底层架空的建筑须来楼阁就混用楼阁作写生对象也拣侠乡高度视觉选择是观景的好地方另一种高度建筑塔由抬宗教林外在私家园林几乎不会出现园林的出世情怀和宗教的舍弃尘世思具有不相同的

五月
八佩

上海豫园

我以为任何一件艺术作品都不能是对生活的简单复制，它承载着作者对生活美的理解，传递着作者心中的逸气，是生活意境的升华和放大，如果脱离了这个主旨，那只能是画匠了。我小时候曾

见过在里弄口摆摊的画匠，以画遗像为主，打九宫格，用碳粉涂抹人像。那一类作品就与此异曲同工。

绘画直抒心中逸气，是大家共同的追求，绘

画作品直接传递出作者的文化素养，隐含着作者的文化积淀。需要强调的是我们从事艺术实践的人，提供的是精神产品，要更加关注自身的精神文化修养，这样才能创作出更清新隽永、更富有魅力的艺术作品。

某园林中的桥

徽州府村老街的清晨承走當門樓
是清末徽商汪定貴於咸丰五七年建造
末宿村首家 二〇二年五月乃阿

安徽黟县宏村老街

北京潭柘寺始建於晉初名嘉福寺
康熙賜名岫雲寺同寺後有龙潭
尚有柘樹故名潭柘寺 二〇二年十二月

北京潭柘寺

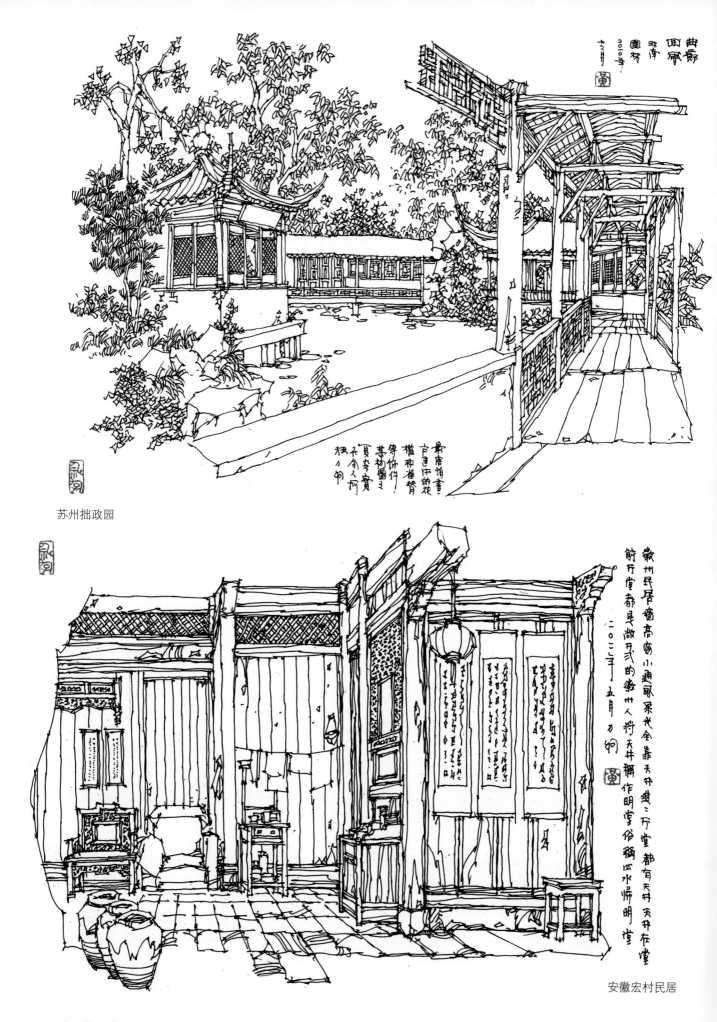

苏州拙政园

安徽宏村民居

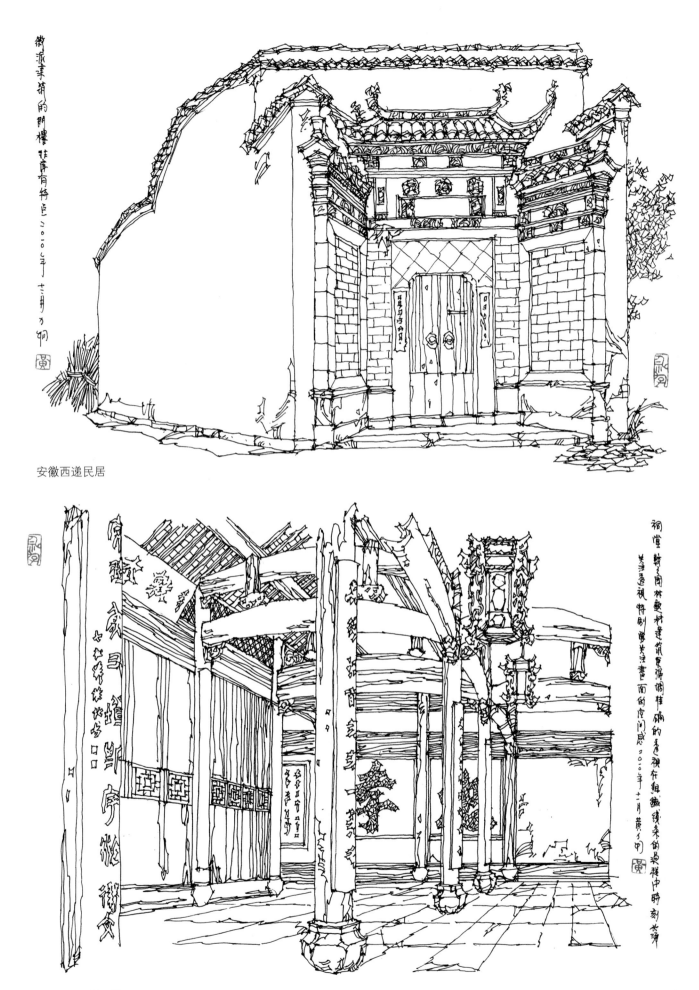

徽派束莆的門樓 非莆有待上二○○八年 十三月 ⑤

安徽西递民居

祠堂 诗之园林敷材连筑星孤调挂俩的 看视存粗藏线秉的 是样中時刻比畅 共法透视 特别器关画面的应间感 二○○年十二月 黄 ⑤

安徽西递古祠堂

人居草笔心得

张可欣（四川美术学院）

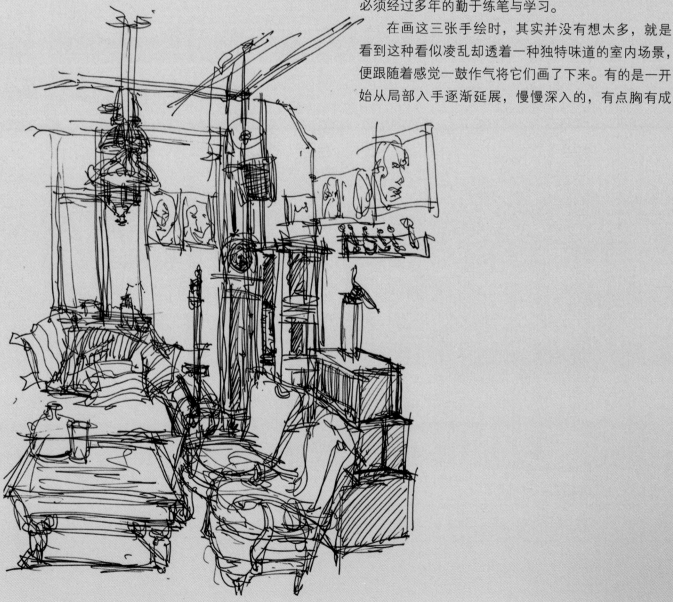

　　我学习手绘的时间其实并不长，算来只有将近一年。相比学习探究手绘多年的前辈老师——相差十几年几十年的光阴，我并没有自己一个完整的手绘体系，只能说每个人都有自己的特点，画画也都有自己的风格，要将自己的风格逐渐形成一个体系必须经过多年的勤于练笔与学习。

　　在画这三张手绘时，其实并没有想太多，就是看到这种看似凌乱却透着一种独特味道的室内场景，便跟随着感觉一鼓作气将它们画了下来。有的是一开始从局部入手逐渐延展，慢慢深入的，有点胸有成竹的意味，当然，离那样的境界还相距甚远；而有的是一开始便纵观全局，先勾勒出大的结构关系然后再逐步细化的。根据不同的画面不同布局，两种画法可以灵活变换。我想我能够做到这一点，和以前学习基础速写的归一与构图等是密不可分的。绘画的原理其实都是一样的。

另外，这三张室内手绘中，物品的放置都较杂乱，将一张画完成的感觉就像花时间将自己的屋子从头到尾整理了一遍，舒畅感油然而生。由此我便想到绘画所不能缺少的一个品性——耐心，看着如此凌乱的场景，唯有静下心来逐步深入细化才能将一幅作品完成。看到夏克梁老师的马克笔画时便有感叹："真的是好有耐心呀！"

对于色彩，我从来对灰色系情
有独钟。我喜欢它的宁静，它的舒适。
此时，我想只有用这种让人觉得宁
静而舒适的颜色来表现室内场景才
是最适合的。

老师将我凌乱又带着些许随意
的笔法和画风抬举为野兽派，是不
是估猜我平静的外表下有一颗躁动
不安的心，但我想更多的应该是我
画手绘时随意和放松的心情吧。

课堂

KETANG

照片写生方法的探索与思考

陈立飞 （广州零角度手绘培训中心）

一、寻找画面的趣味中心

作为初学者，在学习手绘的时候面对室外写生或者照片写生的时候，总是会产生一种茫然的感觉，不知道如何下手。其实这个时候，我们要学会找出趣味中心。所谓的趣味中心就是最吸引视线的部位或者区域。因为大自然永远不会给你一幅现成的完美无缺的画面，如果

我们看到什么就画什么，那是出不了好的作品的，所以，我们面对景物，应该选择最能吸引注意力的趣味中心。趣味中心可以是充满着张力的曲线、也可以是斑驳的水面，也可以是光影的取舍，并可以以此去组织画面。（如图1、图2）

图1 广州大学演艺中心照片（摄于广州大学）

图2 广州大学演艺中心手绘图

二、取舍与无中生有

在照片写生当中，看到的东西会很多，如果面面俱到就会造成画面主次不分，因此我们要学会取舍，把建筑主体背后多余的物体去掉或者简化，近似于把主体建筑物还原为最初的设计方案的手绘表达，这样会让画面充满着设计感与灵动性。我们可以主观地把原来的画面的两点透视改变为一点透视，因为一点透视会让读者的视觉更易聚焦到主体物上；然后我们把小巨蛋的复杂的背景建筑舍去，把前景的路面也重新概括得更为简练；同时为了增强建筑主体的体量感，在画面前方增加了几棵树和人物。（如图1、图2）

三、光影关系把握

在照片写生中，如果线稿方面的透视、比例和取舍方面抓准确后，在马克笔上色的时候，最重要的一点就是光影的把握。因为光影会让画面生动活泼，增加对比感，同时光影的效果会使画面建筑主体的体块感出来了。我个人的经验就是先描绘物体在素描关系中的投影与暗面（口诀就是"黑的很黑，白的留白"），最后再刻画物体的固有颜色。注意背景与前面的草地适当概括即可。（如图3～图10）

图3　光影关系把握　范例照片1

图4　光影关系把握　范例手绘图1

图 5　光影关系把握　范例照片 2

图 6　光影关系把握　范例照片 3

图 7　光影关系把握　范例手绘图 2

图 8　光影关系把握　范例手绘图 3

图 9　光影关系把握　范例照片 4

图 10　光影关系把握　范例手绘图 4

四、色调的斟酌

在现实生活中，有些人对色彩的感觉是与生俱来的，但是更多的人是靠后天对大自然色彩的观察培养出来的。设计的最重要的一点就是色调。"色调是什么？"经常有同学问我，简单地说，色调就是一幅画面的色彩传达出来的总体色彩倾向。比如冷色调，暖色调，黄调，蓝调等等。正如任何一种艺术形式一样，都有一个总体的调性，如电影中的悲剧，喜剧，正剧等等，那是一部电影的主体基调。但是在日常生活中，我们在看一张照片或者面对大自然的时候感觉颜色都很散，有红的、蓝的、黄的很多颜色，它们之间组合在一起经常很乱，成不了调性。很多情况下客观事物是没有调性的，是需要我们去组织和安排的！就像一部电影，一切都是在编剧和导演的安排下有序地进行。如果一部电影时而悲，时而喜，没有一个主要的旋律和结构，整场都是哭哭笑笑，那么观众在看这部电影的时候心情也是凌乱的，最后只能给出一个超级烂片的评价。色彩中的色调也是如此，艺术来源于生活而高于生活的含义就在于艺术是经过人为加工，进行艺术处理的结

图 11　色调的斟酌　范例照片 1

果。所谓无调不成曲正说明了调性的重要性。现在让我们来欣赏以下几张建筑画的马克笔色调的变化。（如图 11 ～图 16）

图 12　色调的斟酌　范例手绘图 1

图 13　色调的斟酌
　　　范例手绘图 2

图 14　色调的斟酌　范例照片 2

图 15　色调的斟酌　范例手绘图 3

图 16　色调的斟酌　范例手绘图 4

图1 启东启越花苑景观鸟瞰（高正江　曹兰）

设计手绘技巧探讨

高正江（复旦规划建筑设计研究院）

曹　兰（上海三问景观规划设计有限公司）

　　设计手绘不同于传统的绘画艺术。

　　设计手绘首先需要了解设计。设计理念、设计目标、设计的诉求是设计手绘表达的焦点。首先我们要了解设计理念与设计的表达诉求，然后理清设计结构、脉络，对设计的具体内容才能胸有成竹。

一、设计理念

　　设计理念是设计师在空间作品构思过程中所确立的主导思想，设计的诉求指站在设计层面具体想表达的思想。了解设计理念与诉求是确定设计表达重点的关键。

二、设计的结构及脉络

　　设计结构泛指设计的空间。规划设计中的空间结构、功能结构；景观设计中树林、树阵、轴线、广场、草坪、草甸、主体建筑形成的主要空间关系；建筑设计中建筑群、建筑的体块、空间关系、构成关系；室内设计中室内空间关系、动线关系等。

三、设计的具体内容

　　设计的具体内容包括设计的方方面面：如规划设计中不同地块的功能；景观设计中铺装材质、绿植特色、小品陈设；建筑设计中建筑门窗风格及材料风格；室内设计的家具配饰、材料质感等。了解设计的具体内容并分清楚不同内容的重要性次序，以方便在图面上得以逐一表达。

四、手绘及技巧

　　设计手绘不应以具体的学习水彩、马克笔等表现工具的特性、技法以及表现的艺术性为主要目的，能清晰表达出设计诉求才是终极目标。方式多种多样，我们可以从自己熟悉的工具、方法和图面的需求等方面入手。面对不同的内容、方向，不同的表达诉求，表达的方式也多种多样。例如：表达主体外围时常常会用抽象、概念、模糊、褪色、降低对比度、渐变、不上色、只平面不立体等方法；工具有勾线笔、铅笔、彩铅、碳棒、蜡笔、水彩、水粉、油画笔、马克笔等。

　　图面关系的把握重在一个"度"，虽仅一字，内涵丰富，需要日积月累的练习才能恰如其分地把握。（图1）

　　针对不同的设计内容、设计目标，手绘表达中会有不同的侧重点与处理手法，需要利用不同的元素达到烘托氛围的效果。

　　1. 在大尺度鸟瞰图中，如城市规划表现，范围比较大，往往达到几平方公里甚至上百平方公里。在这个尺度，需要重点把握规划设计中的空间关系，建筑体量关系，大的城市结构，路网结构等，而简略处理具体建筑的色彩、材质、地面铺装、单体植物形态等。（图2，图3，图4）

图2　郑州经济技术开发区重点区域城市设计1（高正江　曹兰）
图3　郑州经济技术开发区重点区域城市设计2（高正江　曹兰）

图4 浙江丽水四都规划设计（曹兰）

案例解析

图2、图3 郑州经济技术开发区重点区域城市设计

图幅：A1

纸张：阿诗水彩纸

工具：勾线笔、水彩

绘图：高正江、曹兰

设计内容重要性先后次序：a.中轴线相关内容及氛围；b.商务CBD；c.交通动线；d.外围内容重点表现：以潮河为脉络打造的绿色低碳经济技术发展带与周边区域的城市空间关系、建筑体量关系、交通结构、水系绿带结构等。

由于视线自东向西，正好以暖色调表现夕阳西下，宜居宜业的生活、工作环境，局部建筑做透明处理，明确路网关系。

图2的图面为由西自东看，以曹古寺为核心的历史文化旅游区和金沙湖是视觉焦点，表达历史与自然，新城与老城的空间关系、位置关系、体量关系。在设计表达中，对以曹古寺为核心的文化旅游区建筑特征、空间特点进行了详细的刻画表达，并以金沙湖、潮河为脉向周边新城延伸。

图4 浙江丽水四都规划设计

图幅：500cm×2400cm

纸张：阿诗水彩纸

工具：勾线笔、水彩

绘图：曹兰

所属范围：手绘效果图

设计内容重要性先后次序：宏观、概念式表现城市空间格局、天际线和周围山体、瓯江之间的关系。城市整体两边高，中间低，体现城市融入环境、依山傍水的美好景象。

丽水四都地块位于丽水一江双城交汇带，前沿瓯江清波，背靠山峦花屏，风景秀丽，环境宜人。在设计表现中，主要表达出四都地块依山而建，山水环绕的独特风情。整体需把握建筑空间布局，刻画局部景观廊道。细致描绘前景瓯江，迎着光的水面，水上行驶的游船，停船的码头，以概括的手法表现背后层层叠叠，云雾袅绕的山脉，展现四都小城未来生活的美好画卷。

图5 沈阳故宫规划设计（高正江 曹兰）

2. 在相对小尺度鸟瞰图（表现尺度1平方公里以内）中，同样要注意整体空间关系、建筑体量、大的结构。不同于大尺度鸟瞰，该尺度可细致表达视线焦点区域建筑功能、形式、铺装特色，并用合适的元素辅助烘托氛围。如商业街增加户外宣传广告标志，公园增加风筝、热气球，河流湖泊上增加游船等。这些元素的选择，需要我们在平时生活中多多观察并做手绘练习。（图5，图6，图7）

案例解析

图5　沈阳故宫规划设计

图幅：A0

纸张：阿诗水彩纸

工具：勾线笔、水彩

绘图：高正江、曹兰

设计内容重要性先后次序：a.中轴线、故宫、公园；b.周边历史保护建筑；c.周边新型公共建筑、外围城楼、新设计开放式城墙及交通动线；d.次外围现有城市肌理。

效果上需要控制好规划红线区域和周边大面积住宅区域的空间关系；把握好红线外住宅区域的城市肌理；掌握好整个地块的进深感；突出中心主景观轴。

图面上做到规划红线范围和整体周边既突出又协调的画面关系是个极具挑战的难题，难在技术和表现方式的选择上。中心主景观轴也面临同样问题。

画法上先用大号笔定好画面暖灰色基调，再用红灰色固定并反映出红线外围住宅的城市肌理。大部分鲜艳的颜色都用在了红线范围内，故宫尤为突出，用了金黄色的屋顶，成为了画面的视觉中心。大面积的绿色用在了主景观轴上，贯穿了交通，新旧建筑和广场。

图6　梧州沧海景观规划

图幅：A1

纸张：阿诗水彩纸

工具：勾线笔、水彩

绘图：曹兰

设计内容重要性先后次序：a.滨水

图6　梧州沧海景观规划（曹兰）

图7　苏州太湖国际旅游度假村规划（曹兰）

景观；b.建筑、湖面及交通网络；c.外围环境。

　　该设计主要表现梧州沧海旅游景区环湖景观项目，手绘表现图用作旅游导览地图，因此在绘制过程中，比较严谨地表达了环湖各个项目的区位、建筑特征和滨湖空间形态。

图7　苏州太湖国际旅游度假村规划
图幅：A1
纸张：阿诗水彩纸

工具：勾线笔、水彩
绘图：曹兰
设计内容重要性先后次序：a.中央湖体及周边建筑群落；b.水乡古镇；c.滨水生态公园；d.交通及水系网络；e.周边环境。

　　苏州太湖旅游度假区核心区域空间表现，需要合理清晰表达空间结构。建筑均为简单体块，仅表达空间关系。详细描绘公园、水系结构，远处太湖做虚化表达，点点渔船烘托氛围。

图8　太湖国际旅游度假村之风情小镇规划设计（曹兰）

3. 在人视尺度图中，包括建筑人视、景观人视、室内人视表达等，这个尺度范围较小，重点需要表达出人的活动氛围，描述一个生动的拟现实场景。需要描述重点的建筑特色、功能特色、视觉焦点区域地面铺装特色，植物种植特色等，同时加入不同的人物、动物等。需要注意的是在拟现实场景中，各个元素的表达需要合理，如夏季的植物，人物的服装与冬季场景的植物、人物服装就各有特色。（图8，图9）

图9　丹东花苑庭院景观设计（曹兰）

案例解析

图8　太湖国际旅游度假村之风情小镇规划设计

图幅：A2

纸张：阿诗水彩纸

工具：勾线笔、水彩

绘图：曹兰

设计内容重要性先后次序：a.重点表达水乡古镇与周边水系、交通及其他软环境之间的关系及氛围；b.设计需要表达具有独特吴中风情的特色商业街，沿河的江南建筑、河中的乌篷船均为主要表现对象。该设计表现图为人视尺度，表达空间要求细致，具体描绘主要元素的特点，并通过人物，配景烘托氛围。

图9　丹东花苑庭院景观设计

图幅：A3

纸张：阿诗水彩纸

工具：勾线笔、水彩

绘图：曹兰

设计内容重要性先后次序：a.庭院景观设计内容；b.庭院建筑、周边建筑及其他外环境设计。

设计主要要求表达出欧式小庭院的闲适与雅致。在绘制过程中，建筑为环境烘托元素，作为大背景存在，主要绘制出轮廓结构，体现欧式元素，虚化描写。花园中的植物、花钵、喷水兽作为详细刻画对象，水池中的人物用以活跃空间。

4.还有另外一种就是小场景快速表达，这是一种设计概念草图，作为设计工作者的笔记，可以收集灵感，提供创意。可用不同的形式、不同的工具，记录所见。因为尺度较小，在手绘中更加注重细节的表达，如建筑局部的色彩变化、光影关系、材质变化、建筑的造型变化等（图10，图11，图12）。

图10　荷兰住宅建筑1（高正江）　图11　荷兰住宅建筑2（高正江）

图 12　荷兰建筑住宅 3（高正江）

案例解析

图 10、图 11、图 12　荷兰住宅建筑

图幅：A4

纸张：普通绘图纸

工具：勾线笔、马克笔

绘图：高正江

设计内容重要性先后次序：a. 建筑自身夸张的体块关系；b. 与环境的关系。

设计主要表现建筑的体块关系、质感和环境。建筑的表面层次及内容已经较为丰富，天空则采用单一色调，极致的简单化更易于表达建筑的内容。体块的光影是灵魂，更好地表现了建筑的立体感。

五、绘制过程

1. 理清设计，明确表达目标。

2. 确定合适的角度，选择合适的表达材料。（确定纸张笔墨等）

3. 线稿绘制。注意大的透视关系，做到透视正确，体量关系合理。也可以利用电脑软件辅助矫正透视关系。

4. 上色。一些较大尺幅的图，若运用水彩上色，需要先裱纸，以固定纸张。

水彩上色过程中，先用大号笔刷，确定整体色调关系、冷暖关系、明暗关系。然后整体把握，逐步进行详细细致的上色。

5. 扫描并电脑修正。

6. 完成。

浅谈建筑草图的练习方法

文/图　李国胜（绘聚手绘设计工作室）

　　徒手表达设计草图是从事设计专业人员的基本功，是看家本领，也是构思创作时得心应手的表达工具。设计必须"意在笔先"，方能"妙手天成"。在灵感触动的一刻，以手绘图的表现形式，直观而又形象地表达设计创意，是设计师以独有的艺术语言完成从设计概念到设计形态升华的重要途径。

　　用草图记录建筑设计是提高造型能力、空间尺度的把握能力、设计作品的深刻记忆能力的好习惯，是练习手绘的非常重要的途径。

　　第一，建筑草图是以非常快速、概括的方式提炼出场景中我们所要记录的建筑部分，是一种建筑笔记。它也可以作为我们积累建筑素材的一种方式。

　　第二，建筑草图对我们的线条和造型能力的要求非常的高，我们在画大量建筑草图的同时也在练习造型能力和画面提取的能力。

　　第三，建筑草图的练习过程中应该尽量避免使用尺规，要提高徒手能力，就应该做大量的建筑草图练习。作为学习建筑设计的学生来说，建筑草图的练习是为以后的建筑创作打好基础，因为在建筑创作前期的构思阶段，我们需要画大量的草图，而最终方案的形成也是在大量的草图勾勒过程中慢慢呈现、逐步清晰的。

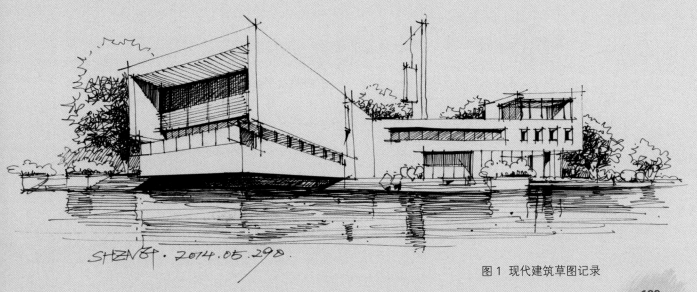

图 1　现代建筑草图记录

很多手绘设计初学者在拿笔画第一根线条之前都阅读过或收集过大量的设计素材，如网络上的优秀设计案例、各专项领域建筑大师作品集、新锐建筑作品等。收集的容量从 G 到 T 不等。在拥有那么多好的资源的同时，如果有一个良好的习惯去记录每个打动人的设计作品，那么它给予你的将不仅是设计图片视觉上的冲击，而是更加真切、真实的感动。学习之初，很多人会去追逐效仿一些优秀手绘设计作品，却因为力不从心而中途放弃。在我个人看来，手绘设计表达不在于之前的美术功底的高低，不在于是否拥有绘画天赋，而在于选择设计表达的最初那股热情，并且将这股热情转化成坚持的动力，日积月累，事情就将会从量变到质变。我们不奢求达到顶尖大师的水平，但随心所欲地掌握自己的笔头，表达心里的想法是我们学习手绘设计的初衷。"好记性不如烂笔头"，通过大量的草图记录，在提高你表达功力的同时亦能提高个人的美学修养。

图 2　明暗手法记录性建筑草图

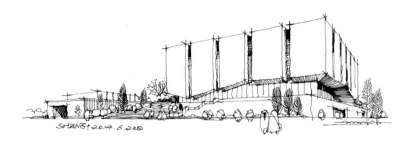

图 3　结构手法记录性建筑草图

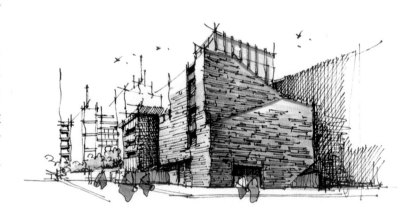

图 4　快题手法记录性建筑草图

图 5　建筑大师作品记录

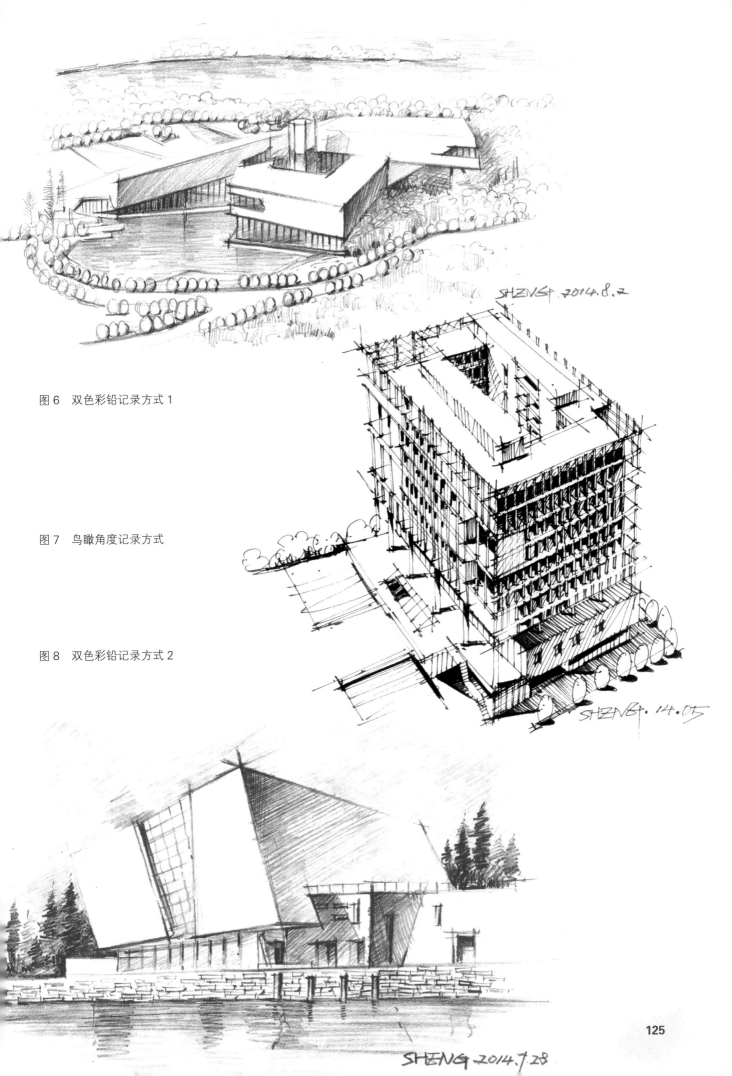

图 6　双色彩铅记录方式 1

图 7　鸟瞰角度记录方式

图 8　双色彩铅记录方式 2

个人以为，从菜鸟到高手，练习手绘表现需要经过的 4 个过程。

一、临摹作品

通过模仿优秀作品，提高自己的表达意识。此阶段选择临摹的作品非常重要，要理性分析选择好的作品临摹。对初入门不了解情况的学生而言，切记不要随便看到一张手绘作品就兴奋冲动地拿过来临摹。入门的选择很重要，不要盲目，一定要选择质量高的作品进行临摹。临摹的过程中可以将自己定位成扫描仪，不放弃任何细节，高度接近作品的模仿能够更快速的提高造型能力和绘画耐心。

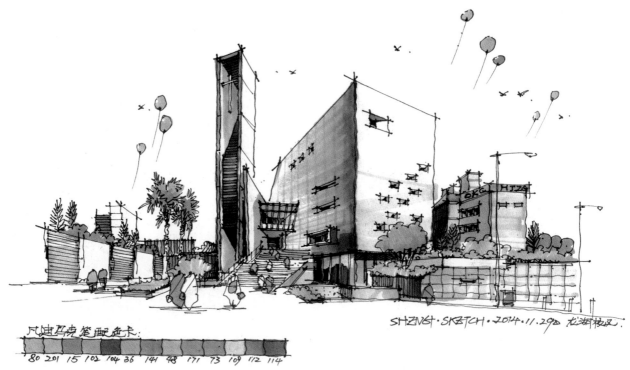

图 9　色卡笔记记录方式 1（适用于学习色彩关系的摸索阶段）

图 10　色卡笔记记录方式 2（适用于学习色彩关系的摸索阶段）

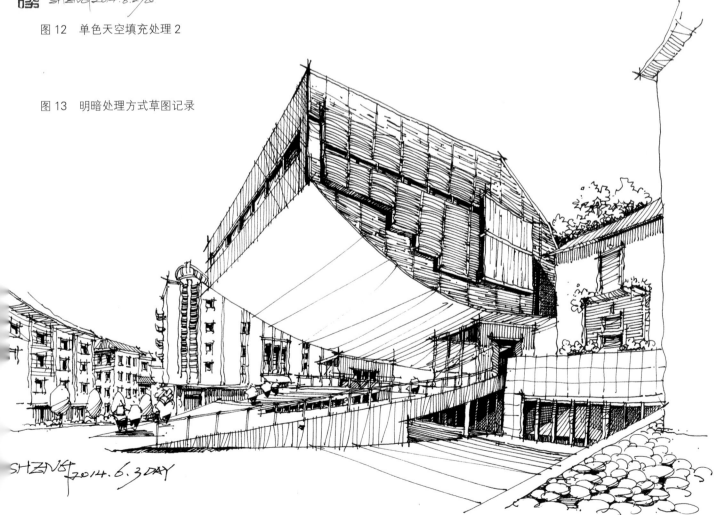

图 11　单色天空填充处理 1

图 12　单色天空填充处理 2

图 13　明暗处理方式草图记录

二、照片临绘

对着建筑图片临绘是我们练习手绘常用的方法。怎样将我们看到的实景照片转换成为纸面上的绘画语言，这是需要我们在大量的练习中总结的。这个过程也同样是我们总结建筑语汇的过程。

此阶段通过大量的照片临绘可以收集、记录设计素材、培养敏感的造型能力以及对建筑作品的洞察力。熟练的表现技巧可为后期创作表现打下扎实的基本功。建议初学者（大学生、刚开始接触设计的爱好者）从大师建筑开始画起，配套阅读中外建筑史，跟着建筑的发展历程记录，更加深刻地了解建筑发展史。记录的时候，如有条件，也记录下建筑的平面图及立面图。其次再开始记录现代建筑设计案例，方法同上，尽可能地记录全套方案，以更加清晰而整体地了解设计方案。

三、转换角度表达设计作品

在这个阶段就半脱离了对照片的依赖，加入了自己的主观理解，从而将设计作品注入新的气息。在这里会更多地有主观的构图、视点选择、艺术效果处理等。就如同摄影一样，同一个建筑设计作品，不同的摄影师表达出来的角度、味道是不一样的。通过照片了解到设计作品的信息，可以推算出整体建筑空间的体量，再以自己对建筑的理解，换个角度或视点，让建筑显得更加有张力。很多初学者在表达自己设计的作品的时候就会遇到这一类问题：原本非常有细节亮点的设计，因为没有把握好表现的角度，体现不出来更好的味道，这时候就需要这种转换角度的能力了。

图 14　快题创作式建筑表现

图 15　同一案例多角度建筑记录方式

设计说明

1.
2.
3.
4.

技术经济指标

1. 基地面积:
2. 占地面积:
3. 建筑面积:
4. 绿化率:
5. 容积率:

平面构成分析

切割

组合

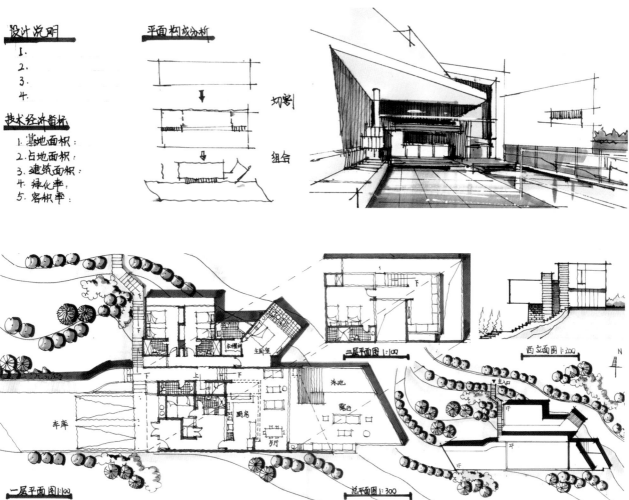

一层平面图 1:100

总平面图 1:300

二层平面图 1:100

西立面图 1:200

图 16　快题设计

图 17　彩铅技巧综合建筑表现 1

图 18　彩铅技巧综合建筑表现 2

四、表达自己的设计作品

练习手绘最快乐的事情就是轻松准确地表达出自己的构思，形成作品，这也是设计手绘的真正价值。如今高校学生考研如火如荼，在竞争激烈的考场上扎实的基本功远比临时抱佛脚的突击来得更加稳健。在考研、设计院入职考试时的快题设计中，这种能力不可或缺，要将自己的设计想法结合前期做的种种积累表达出来。

上述 4 个过程并不是说在练习的时候就一定能顺利地走过来，这是一个艰苦的过程，每个阶段都是对设计手绘的认识和理解的提高。在每个学习的阶段都需要积累一定量的练习，"勤能补拙"，手绘设计是一个持之以恒的过程。把爱好养成习惯，就能从中得到更多的乐趣。

图 19　马克笔加彩铅综合建筑表现

室内设计手绘表现图中的材质表现

文／图　孙大野（江西美术专修学院）

在室内设计手绘表现图中，与材质有关的表现元素包括材料的色彩、材料的肌理、材料的质感。一幅手绘表现效果图的好坏取决于构图、造型、透视、比例、线条、色彩、光影、材质等综合因素，而手绘设计者自身的文化底蕴、对空间使用性质和对设计风格的理解，也会对表现图优劣有一定的影响。

先解释两个名词：肌理，就是指材料上呈现出的线条和花纹；质感，指对材料的色泽、纹理、软硬、轻重、温润等特征性状的感觉，和由此产生的一种对其质地特征的真实把握和审美感受。

在室内设计中按照材质的软、硬来分的话，其中硬质材质包括木材、石材、金属、玻璃等；软质材质包括软织物、毛皮等。

一、木材的质感表现

木材的质感主要通过固有色和表面的纹理特征来表现，一般需运用马克笔和彩色铅笔叠加几层后，才能达到最终的效果。任何天然木材的表面颜色及调子都是有变化的，因此用色不要过分一致，要试着有所变化。除了材质表面的肌理和纹路外，木材表现还需要体现材质自身的特征，这些特征包括色彩的饱和度、色彩的明暗和对比、表面的反光强度和光泽度等。

木材质感的表现步骤：

1. 涂浅色调的木材原色以及深色部分。如果采用略干的马克笔来作画，能在画面中带出条纹状笔触，效果会更好。

2. 用彩色铅笔勾画出细致的纹理。如果所表现的纹理太清晰而致失真，可以在其表面在涂一遍马克笔，这样颜色会随溶剂的吸收而变得沉稳。（图1）

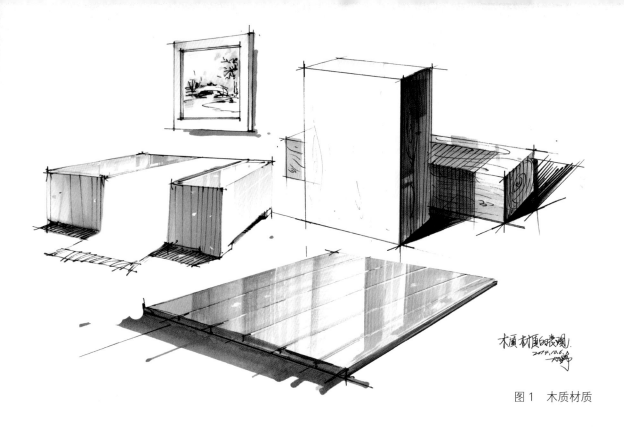

图 1　木质材质

二、石材的质感表现

在装饰设计中应用的石材种类很多，因此对其纹理的掌握和表现，是体现不同石材种类的关键。石材具有明显的高光，且直接反射灯光与倒影，因此在表现时，先用针管笔或签字笔画一些不规则的纹理和倒影，以表现光洁的表面和真实的纹理。

石材质感表现步骤：

1. 线稿勾画完毕，薄涂一层底色，底色要比石材固有色稍亮，涂画不必均匀、平滑。涂色规律一般是远处较为亮些，近处的颜色基本接近材质本身所固有的颜色。

2. 根据所画石材的光滑度，用深浅变化的笔触沿垂直方向画倒影。倒影要处理得柔和，不要过于生硬。可用黑色铅笔画出石材的天然纹理，表现出接缝间的空间厚度。（图 2）

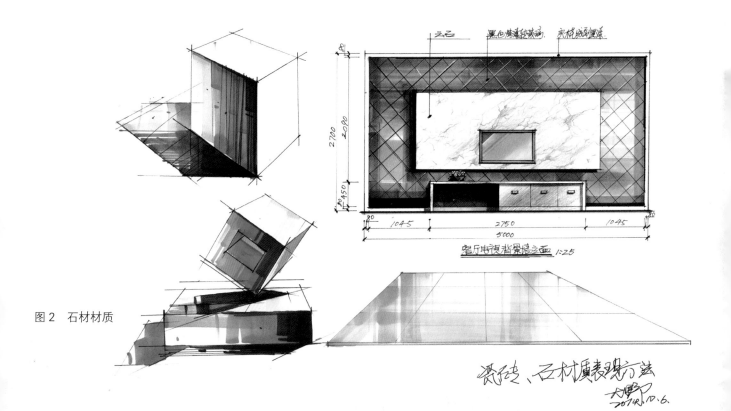

图 2　石材材质

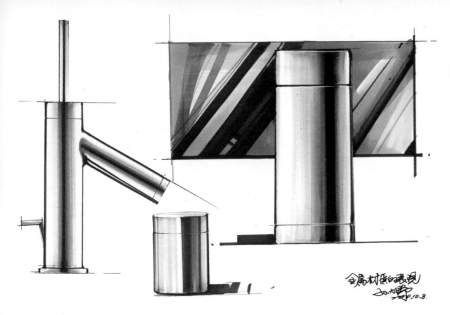

图3 金属材质

三、不锈钢的质感表现

在实际生活中，我们看到的不锈钢表面的材质有多种类型，常见的有亮面和拉丝面。画不锈钢就是画不同曲面形状的镜面反射。要以简练的色彩和有力的笔触、以强烈的对比和明暗的反差来表现不锈钢的金属特性，即暗部更暗，明部更亮，体现出不锈钢的光泽和质感。

不锈钢质感的表现步骤：

1. 高光出现在不锈钢物体的转折处。其高光与反光往往在表面形成曲折的纹路，在各个表面的转折处有很多较亮的白线。在作画之前，可先留出高光的位置，再用冷色过渡，然后用深色系来表现表面所反射的周围环境。

2. 在表现圆柱或弧形表面的时候可以采用湿接法。在表现出立体效果后，再重点强调明暗交界线的暗部与受光的明部。（图3）

四、软织物质感表现

织物的特点就是高光少、反光弱、形态自然，所以表现织物应注意形体的变化。大的形体变化分开后，要注意织物上的肌理变化和图案变化，利用图案变化区分出形体的变化。室内大量的沙发、椅垫、靠背为皮革制品，面质紧密、柔软、有光泽，表现时根据不同的造型、松紧程度运用笔触。

软织物质感表现步骤：

1. 在运笔的过程中注意马克笔的速度、力度，形成布艺沙发或窗帘等软织物的柔软质感。起笔时要稳，之后快速地扫出去，形成单色渐变的效果。

2. 在表现地毯时，要注意其有一定的厚度，且用笔不可花、乱；要注意花纹图案的处理。（图4、图5）

图4 软织物配图1

图 5　软织物配图 2

五、玻璃的质感表现

透明的玻璃窗由于受光照变化而呈现出不同的特征。当室内黑暗时，玻璃就像镜面一样反射光线；而当室内较亮时，玻璃则成透明状。表现玻璃时必须要先了解玻璃的这些基本特征。

玻璃质感表现步骤：

1. 透明玻璃的表现

渲染透明玻璃。首先要将被映入的建筑、室内的景物绘制出来，然后按照所画玻璃固有色用平涂的方法绘制一层颜色即可。而对于一栋建筑来说，在底层可以用这种方法进行渲染，但随着高度的增加就要减弱对其刻画的程度，而加大玻璃的反光度。

2. 反光玻璃的表现

先铺一层玻璃的固有色作为底色，作画的笔触应该整齐，不宜凌乱、琐碎。同时要根据窗户角度的不同，除了玻璃要用自身所固有的颜色进行渲染外，还需要对周围环境的色彩加以描绘与表现。（图 6）

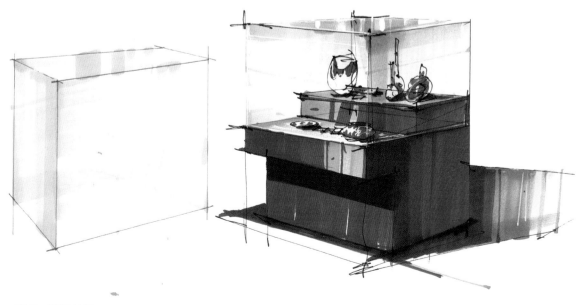

图 6　玻璃材质

餐饮空间表现一

由此，可以总结出材质表现的几个要点：首先要准确地把握材料固有色；其次是表现材料的光泽；第三，要细致刻画材料的肌理变化；第四，要把握好材料的光源色与环境色及其影响；第五，对材质的固有色要熟练地掌握马克笔的用笔方法，以及和彩色铅笔的搭配使用。只有熟练地掌握了材质的表达才会使空间效果图更加精彩。

餐饮空间表现二

客厅空间表现

图书馆空间表现

展示空间表现

宝马展台空间表现

衍生品

YANSHENGPIN

钢笔画、马克笔画衍生品开发的一些思考

程庆拾（《当代钢笔画》编辑部）

中国当代钢笔画发展迅速，近几年取得长足进步，创作队伍不断增长，精品力作持续涌现，前景十分喜人。最近在鲁迅美术学院举办的"全国首届新钢笔画学术展"，是由中国美术家协会连环画艺术委员会和鲁迅美术学院联合主办，由此可知，中国钢笔画的发展迈上了一个崭新的平台。而在不久前由中国美协主办的第十二届全国美展中，夏克梁先生的马克笔作品入选。这是马克笔作品首次进入全国美展，其意义同样巨大。

瓷盘（夏克梁作品）

但是，高雅纯美的钢笔画、马克笔画要走进千家万户，仅仅凭每年数量不多的原创作品是远远不够的，而原创作品的稀缺性和高价位，也使喜爱这种新艺术样式的普通大众望而兴叹。如何解决这一矛盾，是关注钢笔画和马克笔画发展繁荣的有识之士不能回避的问题。

我们认为，钢笔画、马克笔画若要家喻户晓，完成大面积普及的艺术使命，不能仅仅凭借创作周期漫长、数量十分有限的稀缺原作，还应该充分利用钢笔画、马克笔画明度对比强烈、线条清晰硬朗、容易精准复制的特色，开展其衍生品的市场化研发，就像孙悟空拔下猴毛瞬间变幻出成千上万个"齐天大圣"一样。

这是一件十分值得我们关注和探索的大事，甚至是一个全新的课题和"系统工程"。所谓钢

海南系列之保亭槟榔谷（夏克梁作品）
海南系列之陵水疍家渔排（夏克梁作品）

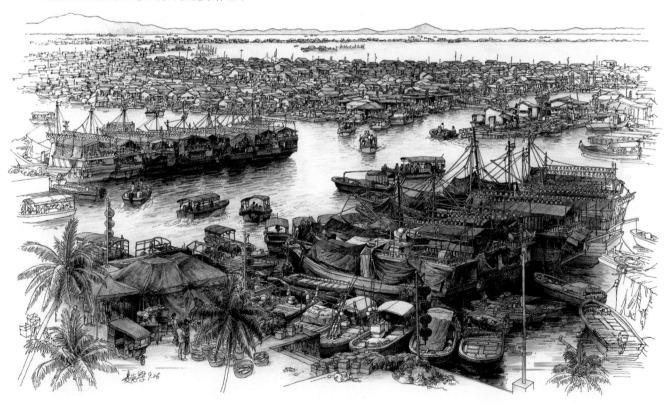

海南系列之琼州博鳌临时会址（夏克梁作品）
海南系列之三亚天涯海角（夏克梁作品）

笔画、马克笔画的"衍生品"，简言之就是以适宜批量"复制"的钢笔画或马克笔画原作作为"基片"，运用其他平面甚至立体的媒介物料（纸张、布料、陶瓷、木头、塑料等），将其制作转印为一定数量的限量商品，并以相对低廉和合理的价位进行市场销售。既可以是杯盘兜枕之类的生活用品，也可以是纯粹供观赏的摆件、挂件或其他工艺品。

明信片（夏克梁作品）

系列衍生品（夏克梁作品）

再绘杭州
店面场景

这些衍生品的开发需要满足一些起码条件：

一要形式新颖、制作精美，既与过去采用其他种类美术作品的情况有明显区别，又与原作相差无几，用笔者的话来说，便是"下真迹一等"。目前钢笔画、马克笔画的复制技术完全可以做到"以假乱真"，特别是黑白钢笔画，与原作更是十分接近，作为装饰美化居室和民众生活的美术复制品，完全能担当这一使命。不久前笔者收到北京798举办"线拾迷城"全国硬笔画展组委会寄来的几套高仿钢笔画复制品，其逼真效果的确令人叹为观止，使我看

折扇 – 杭州系列之"三潭印月"（夏克梁作品）

到了钢笔画、马克笔画衍生品开发的巨大市场商机。如果衍生品仿真度差，制作效果粗糙，是不会受公众欢迎的。这是实用与艺术的完美联姻，同时具有相对独立的艺术观赏价值。

二要原创作品必须满足广大消费者的喜好和需求。不同性别年龄、不同文化水平的潜在消费者，对钢笔画、马克笔画衍生品要求肯定具有相当的差异。另一方面讲，并非任何一幅钢笔画、马克笔画原创作品都适合作为"基片"。必须研究市场，研究对这一新颖而特别的商品有兴趣的公众的消费心理，还要积极引导和介绍、逐步推广和提升衍生品的影响力，开拓进取地拓展这一巨大的市场。

三要不断探索与市场的接轨，包括拓展可以"传移摹写"的各种面料材质和印刷技术，不断开发其领域和空间。家居环境之外，也要积极开发个人随身携带甚至佩戴的钢笔画、马克笔画衍生品，如服装，包袋，笔记本、平板电脑的面饰等等，都可以考虑。

四要价格适中，欣赏者乐于接受。其实这也是问题的关键，既要考虑制作成本（跟授权方式有关，如是合作公司买断画家原作，或画家授权进行限量制作；也涉及衍生品材料价格和印制费用等），也要考虑销售成本（是开专卖店，还是请人代销，甚至是网上销售）。一方面，画家要得到一份合理的创作报酬，另一方面，实施操作的公司或人员也要获取一定的收入，这是值得深入研究并找出规律的。这与其他商品或产品的设计制作销售情况没有太多区别。一切要按市场规律来行事，但肯定与传统的

独幅艺术品的入市收藏有别。而将其作为特色旅游商品来开发，也将是其中一个很大的领域。

钢笔画、马克笔画衍生品的开发销售，在国内目前还是一个几乎没有什么参照物的全新课题。中国美术学院夏克梁老师 2013 年就以超前眼光和吃螃蟹的勇气，与朋友合作在风景如画的杭城开了一处以销售他自己钢笔画、马克笔画衍生品为主的实

折扇 – 杭州系列之"玉带桥"（夏克梁作品）

体店，专门销售印有钢笔画、马克笔画作品的抱枕、挂盘、手提袋、明信片等新产品，大受欢迎，效果不错。据我们了解，目前他已经成功开发制作销售的衍生产品，包括明信片、装饰画、台历、纸扇、瓷盘、T 恤衫、冰箱贴（磁贴）、手袋、抱枕、手机壳等，可谓品种繁多，材质各异，琳琅满目，别

开生面。其原创作品"基片"均为他近年国内外采风创作的系列作品，如西南民居，柬埔寨、尼泊尔、印度、海南、杭州等地的自然及人文风光，内容新颖，风格特出，艺术品位高，令人过目不忘，爱不释手。

鉴于夏克梁先生在马克笔画和钢笔画领域的巨大影响力，在杭州一炮成功之后，目前还有许多地方就钢笔画、马克笔画衍生品开发之事邀请他前往考察和运作，如江西、江苏、河北、海南等省市，有些是政府有关部门，也有些是私人企业或文化公司发出的邀请。夏老师都与其有所交流和沟通，前景十分看好。

无独有偶，著名青年钢笔画家王骏等人也曾与深圳某公司合作，成功开发出挂盘、酒壶、茶杯、茶罐等钢笔画衍生产品。这种"限量版"的钢笔画衍生品，对于扩大和提升钢笔画在公众中的影响力，其作用和意义不言自明。以描绘火车主题而称著"钢坛"的北京著名钢笔画家王忠良先生，近来也积极尝试将自己精心绘制的火车主题的部分钢笔画作品"转移"到日常生活中不可或缺的陶瓷水杯上，

老物件系列之——煤球炉（夏克梁作品）

取得成功。这都为我们今后广泛开拓钢笔画、马克笔画这类硬质线条画的衍生品市场作出了有益的尝试，值得关注和肯定。

俄罗斯国民普遍喜欢他们的总统"硬汉"普京，支持率一度高达 88%。近来该国有不少服装商根据普京生活照片创作出图案，设计制作大批 T 恤销售，一时供不应求，行情火爆。我们的钢笔画、马克笔画衍生品的开发销售能否也这样成功，尚有待大家的探索和努力。

以艺术发展史的角度看，钢笔画、马克笔画衍生品的开发，为其走出象牙塔，走进民间，与无数欣赏者亲密接触，搭建了一个辽阔舞台，也是钢笔画、马克笔画自身发展壮大的必由之路。夏克梁先生在杭州的成功尝试，使笔者看到了新的希望。我们完全有理由将其视为朝阳产业，商机无限，前景广阔。相信国内将有更多的钢笔画和马克笔画家会关注和研发，让这一全新而美丽的衍生品在全国甚至世界各地生根开花，修成"正果"！

老物件系列之——开水瓶（夏克梁作品）

STA斯塔2400

STYLEFILE

色号采用国际色彩协会认证体系编号，
全新德国设计，全新的进口材料，
是款旗舰型专家级酒精油性马克笔，
适合手绘设计、考研快题等使用。

斯塔（STA)马克笔 | 为设计而生

用于建筑规划、室内设计、景观园林、动漫专业、工造专业、服装设计专业、广告、POP等设计手绘。

STA斯塔3202

STA斯塔3202，是初学者及业余爱好者
最佳的选择。性价比高——笔尖细致、
耐磨、吸墨均匀。